PINPOINT
BRUNO KELLER & STEPHAN RUTZ

精准领航
布鲁诺·凯乐　斯蒂芬·鲁兹

**图书在版编目（CIP）数据**

精准领航：可持续建筑要点+数据 /（瑞士）布鲁诺·
凯乐（Bruno Keller），（瑞士）斯蒂芬·鲁兹（Stephan Rutz）
主编；田原等编译. -- 上海: 同济大学出版社，2021.12
　ISBN 978-7-5608-9942-8

　Ⅰ. ①精… Ⅱ. ①布… ②斯… ③田… Ⅲ. ①建筑物理
学—研究 Ⅳ. ①TU11

中国版本图书馆CIP数据核字（2021）第206525号

**精准领航：可持续建筑要点+数据**

[瑞士]布鲁诺·凯乐（Bruno Keller）
[瑞士]斯蒂芬·鲁兹（Stephan Rutz）　主编
田原 李全 张攀 赵明明 王泽 编译

责任编辑　吴凤萍
助理编辑　夏涵容
责任校对　徐春莲
封面设计　斯蒂芬·鲁兹 [Stephan Rutz] 田原 赵明明

出版发行　同济大学出版社 www.tongjipress.com.cn
　　　　　地址: 上海市四平路 1239 号
　　　　　邮编: 200092
　　　　　电话: 021-65985622

经　　销　全国各地新华书店
印　　刷　上海安枫印务有限公司
开　　本　710mm×960mm　1/16
印　　张　18
字　　数　360 000
版　　次　2021年12月 第1版　2021年12月 第1次印刷
书　　号　ISBN 978-7-5608-9942-8

定　　价　128.00元

PINPOINT
KEY FACTS + FIGURES FOR
SUSTAINABLE BUILDINGS

# 精准领航
## 可持续建筑要点 + 数据

主编：布鲁诺·凯乐 [Bruno Keller]
斯蒂芬·鲁兹 [Stephan Rutz]

编译：田原 李全 张攀 赵明明 王泽

同济大学 出版社
TONGJI UNIVERSITY PRESS

当今所提倡的生态环保（可持续发展）建筑，其含义不仅是要满足耐用和尽可能低的能源需求，更是要为用户提供高标准的健康和舒适环境。

这意味着：
→ 高标准的热舒适性；
→ 充足的日照；
→ 内外隔噪能力；
→ 好的室内声学效果；
→ 室内无结露和长霉；
→ 足够低的能源需求，可以采用柔和、高效的暖通技术，进一步提高能源效率，更有助于健康和提升舒适性。

乍一看要满足以上全部要求很难，而且许多关于建筑物理和暖通空调系统的教科书，还有许多规范标准，更是让设计者无从下手。

为此，我们在这里着重讲解影响生态环保建筑的要点，并给出了必要的公式、表格和实例加以应用说明。

基本定律和公式是通用的，但书中给出的计算、例子、标准和气候数据大都是来自瑞士和欧洲本地的，这些例子演示了如何使用定律和公式。为了便于中国读者的理解和使用，局部我们加入了部分中国的对应数据或规范，读者可以根据具体情况或实际需求用当地数据进行相应替换。

这本书并不取代教科书和出台的标准，而是旨在帮助具有这一领域基础知识背景的设计师更有效地工作，更专注于重点。

此外，在 www.pinpoint-online.ch 上还有软件工具，如《能源设计指南II》。即便在建筑设计的早期阶段，也可用于优化能源效率（目前仅有英文版本）。

作者在编著本书的过程中得到了许多同行的大力支持和帮助，在此表示深深的感谢。特别致谢田原博士及她率领的团队，他们有运用此书在中国成功实践 20 年的丰富经验。

布鲁诺·凯乐  斯蒂芬·鲁兹

1999年，我有幸作为博士后，赴瑞士苏黎世联邦理工大学（ETH）与布鲁诺·凯乐教授（Bruno Keller）一起学习和工作。瑞士在建筑节能和相关技术领域处于世界领先地位，而凯乐教授又是瑞士在建筑物理科学领域最顶尖的科学家，正是他引导我全面系统性地学习了健康、舒适、节能环保的先进建筑理念。

2001年，我带着改变中国建筑现状的心愿，在全球可持续发展联盟的支持下回到中国，开始进行一系列绿色建筑的实践工作，并相信在国内这是可以赶超世界先进水平的开创性实践。

20年过去了，我和我的团队始终坚持建筑设计的高标准，信守环境友好的可持续性原则，坚守健康、舒适、节能的建筑理念，在中国不同的气候区、不同的经济条件区域成功建成了不同使用功能、不同规模、不同成本投入的低能耗、高品质建筑，其能耗按照今天的节能标准都达到了节能75%的节能目标，部分甚至达到了近零能耗的水平，涵盖大型的超高层办公楼、住宅、医院、学校、幼儿园等。项目不仅有从规划开始的新建筑项目，还包括老旧建筑的全面改造升级，甚至独栋传统建筑中的某一单户改造。

基于多年的研究和教学成果，我的导师凯乐教授与他当时的助手斯蒂芬·鲁兹先生（Stephan Rutz），在2007年出版了一本精简实用的建筑指南类书籍。这本书的内容实际上也是这么多年我们在中国的实践指导大纲，让我们能够始终不偏航地在中国差异巨大的各类气候区域下进行设计和研发。20年的经验告诉我们它的价值很高，意义很大。

2020年11月，中瑞两国签订了《瑞士联邦外交部与中华人民共和国住房和城乡建设部关于在建筑节能领域发展合作的谅解备忘录》。2020年作为极具挑战的一年，让我更多地意识到这20年坚持

的理念和对每一个课题的钻研都是非常有价值的。感谢瑞士发展与合作署将此书纳入中瑞国际合作范围。结合在中国多年的实践经验，我和凯乐教授对此书进行了中文版的重新编译，目的是为中国建筑行业的从业者提供一个实用的工具，用于新建建筑的规划设计以及存量建筑的节能优化升级，在不断提升人们的工作和居住健康舒适性的同时，最大限度地减少整个行业的能源消耗和碳排放。

这本书面向有一定建筑物理知识和常识的建筑师，考虑到国内的建筑师教育背景不同，我和我的团队愿意把我们在中国已经实践了20年的经验，通过不同方式直观地分享、传授给更多的国内建筑业同行们。借此书中文版发行的机会，表达一下我的愿望：和大家共同致力于在中国落地更多健康、舒适、节能环保的建筑，为中国环境更好、山水更美作出贡献。

在此感谢我的导师布鲁诺·凯乐教授，感谢瑞士发展合作署的参赞费振辉先生（Felix Fellmann）、项目官员高辉女士所提供的大力支持，最后我要特别感谢我团队的李全、张攀、赵明明和王泽为此书中文版的出版作出的努力与贡献。

田原
2020年12月15日 中国·北京

ENERGY IN BUILDING

建筑能耗

# COMFORT CONDITIONS FOR INTERIOR SPACES
## 室内空间的舒适条件

### 热的感知和反应

### 人体感觉热的界定温度为 37°C 以上
人体的中枢感知：

当体温超过 37°C 时，大脑中的热感应器就会发出信号，普遍反应是，通过汗液蒸发来散发余热。

### 人体感觉冷的界定温度为 34°C 以下
神经末梢的感知：

当皮肤温度低于 34°C 时，皮肤中冷感应器就会发出信号，通过减少血液供应引起局部反应，表现为所在位置的肌肉颤抖。

### 最重要的舒适因素

### 室温舒适范围 20°C ≤ $\theta_i$ ≤ 26°C
温度高于舒适范围：反应迟钝，智力下降。

温度在舒适范围内：温度越接近舒适范围的边界值，敏感的人对理想值的认同越有差异。

温度低于舒适范围：可以通过合适的衣服进行调节。

**A** 舒适性图解
显示人体对环境温度的敏感性和对不适的耐受性：±°C。

**B** 围护结构的表面温度
→ 低于室温 3°C 以下
→ 较大的温差会引起对流和向冷表面辐射放热。

**新鲜空气**
供健康呼吸和卫生换气所用，应采用舒适的通风方式*。

**湿度**
30%~60% 的相对湿度最适合呼吸。

**含湿量***
保持合适的含湿量，防止长霉和结露。

**日光***
提供适度的室内自然采光。

**声音***
防止室内和室外的噪声影响。

**室内声学***
保持合适的混响时间。

* 详见相应章节

## A 舒适性图解

舒适度范围 20°C~26°C，±°C：对差异的敏感度

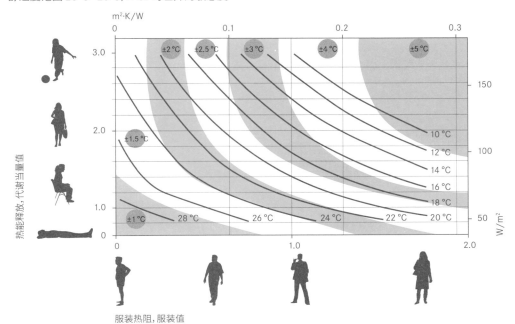

## B 环境表面的温度

非对称辐射引起的不适

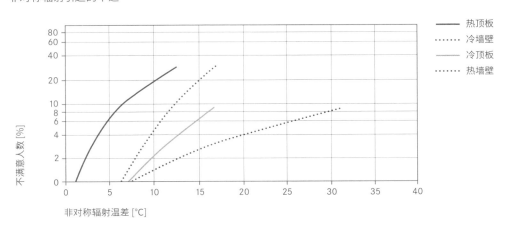

## 人体的参考数据

### 身体基本指标
设定静止状态下

| | |
|---|---|
| 身高 | 1.70 m |
| 体重 | 69 kg |
| 体表面积 | 1.7 m² |
| 体积 | 0.07 m³ |
| 体温 | 37 °C |
| 皮肤温度 | 34 °C |
| 呼吸量 | 高达 0.5 m³/h |
| 呼吸次数 | 16/min |
| 脉搏 | 60~80/min |
| 二氧化碳排放量 | 10~20 dm³/h |
| 释放含水量 | 40 g/h |

## 代谢当量值
### 人体的热能释放
体表平均热流强度

$$q = \frac{\dot{Q}}{A} = \frac{100}{1.7} = 58.8 \ [W/m^2] = 1 \ met \ [W/m^2]$$

1 met = 静坐的人的热能释放量

$q$: 热流强度 [W/m²]

$\dot{Q}$: 热能 [W]

$A$: 体表面积 [m²]

| 活动方式 | 热能释放量 | | |
|---|---|---|---|
| | $\dot{q}$ [W]* | $q$ [W/m²] | met 代谢当量 |
| 安静地躺着 | 83 | 46 | 0.8 |
| 安静地坐着 | 100 | 59 | 1.0 |
| 自然站着 | 126 | 70 | 1.2 |
| 坐着工作 (办公室、学校、居家) | 126 | 70 | 1.2 |
| 轻体力劳动 (车间,轻型钳工) | 167 | 93 | 1.6 |
| 中体力劳动 (销售、家务) | 209 | 116 | 2.0 |
| 步行 | | | |
| 2 km/h | 198 | 110 | 1.9 |
| 3 km/h | 250 | 140 | 2.4 |
| 4 km/h | 292 | 165 | 2.8 |
| 5 km/h | 355 | 200 | 3.4 |
| 重体力劳动 | 313 | 174 | 3.0 |

*取值参照对象条件: 身高 1.7m, 体重 69kg, 体表面积 1.7m²

## 服装值
### 服装的传热阻
定义: 一个人静坐在21℃, 空气流速不超过0.05m/s, 相对湿度不超过 50% 的环境中感觉舒适所需要服装的热阻。

注: 服装热阻显示的是显热热阻, 常用单位为 clo 或 m²·K/W。

1 clo = 0.155 m²·K/W, 是穿着内衣、衬衫、长裤、夹克、袜子、鞋子的服装热阻。

详见 16~17 页

## 传热阻 *R* [m²·K/W]

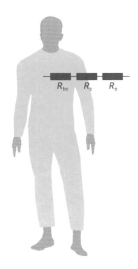

$R_{\text{tot}} = R_{\text{bc}} + R_{\text{c}} + R_{\text{e}}$

在体温 37 °C、皮肤表面温度 34 °C、静坐 59 W/m² 时

### 身体传热阻:

$$R_{\text{bc}} = \frac{37-34}{59} = \frac{3}{59} = 0.051 \ \text{m}^2 \cdot \text{K/W}$$

从身体里到皮肤

$R_{\text{c}} = 0.155 \ \text{m}^2 \cdot \text{K/W}$

通过 16 页表格查出服装的传热阻

$R_{\text{e}} = 0.125 \ \text{m}^2 \cdot \text{K/W}$

从服装到环境的换热阻

## 服装值 clo 与身体代谢当量值 met 的关系

### 示例:

体温 $\theta_{\text{bc}} = 37 \ ^\circ\text{C}$

房间空气温度 $\theta = 22 \ ^\circ\text{C}$

衣服:

衬衫、裤子、夹克、袜子、鞋子

1.0 clo ≈ $R_{\text{c}} = 0.155 \ \text{m}^2 \cdot \text{K/W}$

### 身体散发的热流强度

站立的轻体力工作

1.6 met ≈ $q = 94.1 \ \text{W/m}^2$

### 通过衣物的热流强度

$$q = \frac{\Delta \theta}{R_{\text{bc}} + R_{\text{c}} + R_{\text{e}}}$$

$$q = \frac{15}{0.051 + 0.155 + 0.125} = 45 \ \text{W/m}^2$$

### 所需的释放热量大于通过衣服的热流强度

94.1 W/m² > 45 W/m²

身体会感觉过热

### 应对措施:

减少服装热阻 $R_{\text{c}}$

改变房间温度

改变活动方式

## 日常服装值 clo-value

| | 服装值 clo-value | 服装热阻 $R_c$ [m²·K/W] |
|---|---|---|
| 内衣、短袖衬衫、短裤、袜子、凉鞋 | 0.30 | 0.05 |
| 内衣、内裤、长筒袜、长袖连衣裙、凉鞋 | 0.45 | 0.07 |
| 内衣、短袖衬衫、轻薄长裤、薄袜子、单鞋 | 0.50 | 0.08 |
| 内衣、衬衫、轻便长裤、袜子、鞋子 | 0.60 | 0.095 |
| 内衣、衬衫、长裤、袜子、鞋子 | 0.70 | 0.11 |
| 内衣、运动服（毛衣和裤子）、长袜、运动鞋 | 0.75 | 0.115 |
| 内衣、内裤、衬衫、裙子、厚筒袜子、鞋子 | 0.80 | 0.12 |
| 内衣、衬衫、裙子、圆领毛衣、中筒袜子、鞋子 | 0.90 | 0.14 |
| 内衣、短袖背心、长裤、V领毛衣、袜子、鞋子 | 0.95 | 0.145 |
| 内衣、衬衫、长裤、夹克、袜子、鞋子 | 1.00 | 0.155 |
| 内衣、长袜、衬衫、裙子、背心、夹克 | 1.00 | 0.155 |
| 内衣、长袜、衬衫、长裙、夹克、鞋子 | 1.10 | 0.17 |
| 内衣、短袖上衣、衬衫、长裤、夹克、袜子、鞋子 | 1.10 | 0.17 |
| 内衣、短袖上衣、衬衫、长裤、背心、夹克、袜子、鞋子 | 1.15 | 0.18 |
| 长袖长裤内衣、衬衫、长裤、V领毛衣、夹克衫、袜子、鞋子 | 1.30 | 0.20 |
| 短袖短裤内衣、衬衫、长裤、背心、大衣、袜子、鞋子 | 1.50 | 0.23 |

## 工作服装值 clo-value

| | 服装值<br>clo-value | 服装热阻<br>$R_c$ [m²·K/W] |
|---|---|---|
| 内衣、西装、袜子、鞋子 | 0.70 | 0.11 |
| 内衣、衬衫、长裤、袜子、鞋子 | 0.75 | 0.115 |
| 内衣、衬衫、长裤、西装、袜子、鞋子 | 0.80 | 0.125 |
| 内衣、衬衫、长裤、夹克、袜子、鞋子 | 0.85 | 0.135 |
| 内衣、衬衫、长裤、工作服、袜子、鞋子 | 0.90 | 0.14 |
| 短袖短裤内衣、衬衫、长裤、夹克、袜子、鞋子 | 1.00 | 0.155 |
| 短袖短裤内衣、长裤、西装、袜子、鞋子 | 1.10 | 0.17 |
| 长袖长裤内衣、保暖夹克、袜子、鞋子 | 1.20 | 0.185 |
| 短袖短裤内衣、衬衫、长裤、夹克、保暖夹克、袜子、鞋子 | 1.25 | 0.19 |
| 短袖短裤内衣、连体工作服、保暖夹克和长裤、袜子、鞋子 | 1.40 | 0.22 |
| 短袖短裤内衣、衬衫、裤子、夹克、保暖夹克和长裤、袜子、鞋子 | 1.55 | 0.225 |
| 短袖短裤内衣、衬衫、长裤、夹克、厚绗缝外套和工作服、袜子、鞋子 | 1.85 | 0.285 |
| 短袖短裤内衣、衬衫、长裤、夹克、厚绗缝外套和工作服、袜子、鞋子、帽子、手套 | 2.00 | 0.31 |
| 长袖长裤内衣、保暖夹克和长裤、外套和裤子、袜子、鞋子 | 2.20 | 0.34 |
| 长袖长裤内衣、保暖夹克和长裤、带帽厚棉衣、厚棉工装裤、袜子、鞋子、帽子、手套 | 2.55 | 0.395 |

## CLIMATE INFLUENCE
## 气候影响

**A 室外空气温度 $\theta_e$ [°C, K]**

**由周期性组成**
在一天当中:
日平均温度 : $\bar{\theta}_d$
日温度振幅: $\Delta\theta_d \approx 2\sim10$ K
日最大/最小温度: $\bar{\theta}_d \pm \Delta\theta_d$

在一年当中:
年平均温度: $\bar{\theta}_y \approx 9$ K (苏黎世)
年平均温度振幅: $\Delta\theta_y \approx 13\sim14$ K

年平均温度: $\bar{\theta}_y \approx 12.3$ K (北京)
年平均温度振幅: $\Delta\theta_y \approx 19\sim22$ K

**通常情况:**
室外空气的温度范围

$$\theta_{e, min, max} = \underbrace{\bar{\theta}_y \pm \Delta\theta_y}_{\bar{\theta}_d} \pm \Delta\theta_d$$

**气象数据为随机取样**

## A 室外空气温度 $\theta_e$ [°C, K]
室外空气温度分布概况，以瑞士的几个典型城市为例

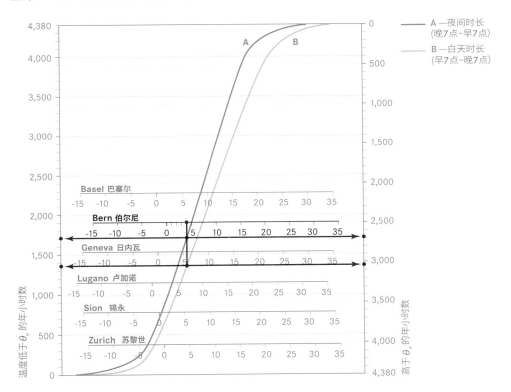

A —夜间时长
(晚7点~早7点)

B —白天时长
(早7点~晚7点)

**一年当中白天和夜间与室外空气温度 $\theta_e$ 相关的分布情况**

以伯尔尼 (Bern) 为例，以 4°C 为界限的温度分布时长如下

| $\theta_e \leqslant 4\,°C$ | 夜间时长 1,700 h | 白天时长 1,350 h |
|---|---|---|
| $\theta_e \geqslant 4\,°C$ | 夜间时长 2,680 h | 白天时长 3,030 h |

**B 太阳辐射强度 $I$ [W/m²]**

### 周期组成

平均值: $\bar{I}$

变化（振幅）: $\Delta I$

最大/最小值: $\bar{I} \pm \Delta I$

### 气象数据为随机取样

### 太阳辐射

大约相当于一个 6,000K 的黑体所发出的辐射。

### 垂直入射的太阳辐射的光谱分布

4% 紫外线

56% 可见光

40% 红外线

### 太阳最大总辐射强度 $I_{max}$ [W/m²]

太阳总辐射在大气层外 ≈ 1,370 W/m²，而在地球表面的太阳最大总辐射强度则取决于天气。

三种光谱具有各自的直射和散射比

**B 在地球表面的太阳总辐射强度 $I_t$ [W/m²]，取决于天气**

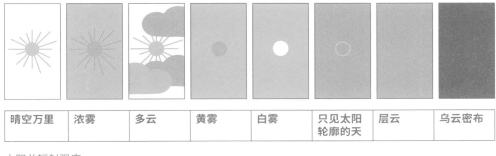

| 晴空万里 | 浓雾 | 多云 | 黄雾 | 白雾 | 只见太阳轮廓的天 | 层云 | 乌云密布 |
|---|---|---|---|---|---|---|---|

太阳总辐射强度

| 1,000 W/m² | 500 W/m² | 500 W/m² | 400 W/m² | 300 W/m² | 200 W/m² | 100 W/m² | 50 W/m² |
|---|---|---|---|---|---|---|---|

散射比

| 10% | 50% | 30% | 50% | 60% | 100% | 100% | 100% |
|---|---|---|---|---|---|---|---|

## 日照频率
示例: 苏黎世 (Zurich) 机场, 1986 年

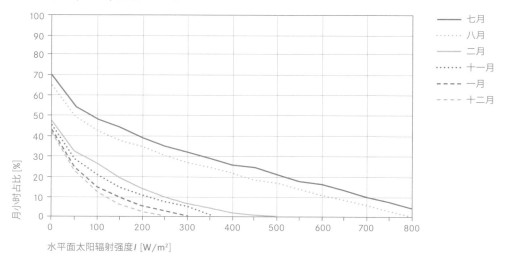

## 太阳高度角的每月变化
忽略地球轴心的微变
示例: 苏黎世 (Zurich)

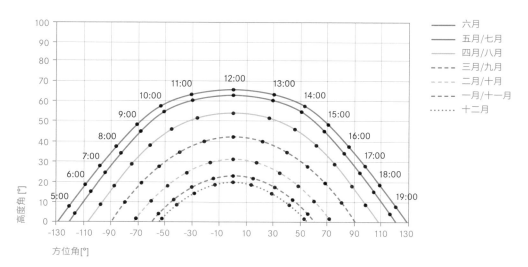

**太阳辐射强度 *I***

七月，北纬 50°，瑞士某大城市的气候
在东、西、南、北的墙上
在水平面上
在法线平面上：垂直于太阳光照方向的平面

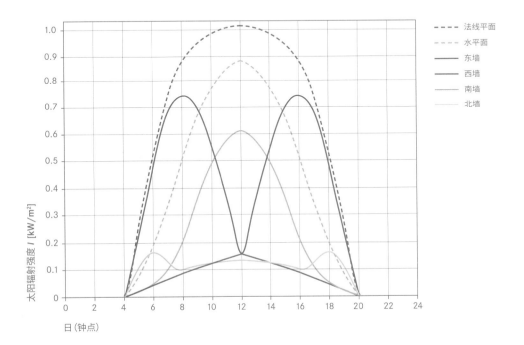

法线平面

水平面

东墙

西墙

南墙

北墙

太阳辐射强度 *I* [kW/m²]

日（钟点）

## 太阳散射辐射强度 I

一月，北纬 50°，瑞士某大城市大气环境

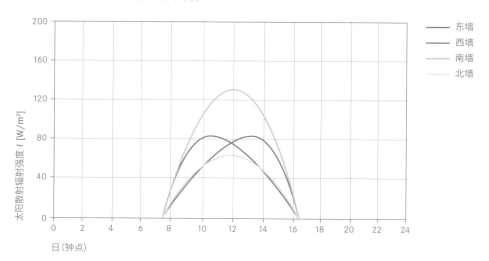

## 太阳散射辐射强度 I

七月，北纬 50°，瑞士某大城市大气环境

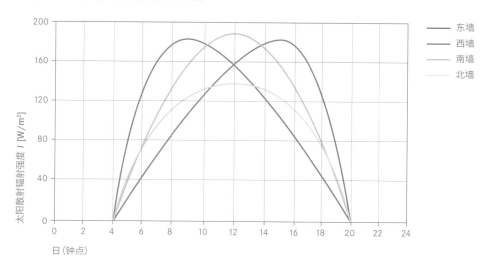

## D 太阳辐射强度 $I$ [W/m²]

### 基本参数:

具备日太阳辐射强度的平均值和最大值以及照射
持续时间就可以满足建筑物计算的基本要求

### 日平均值 $\bar{I}$

$$\bar{I} = \frac{a_0}{2} \cdot I_{max} \ [W/m^2]$$

### 日振幅 $\Delta I_d$

$$\Delta I_d = |a_1| \cdot I_{max} \ [W/m^2]$$

### 日最大值 $I_{max}$

$$I_{max} = \bar{I} + \Delta I \ [W/m^2]$$

### 傅里叶分量 $a_0/2$ 和 $a_1$

适用于计算以日照时长 $t$ 为函数的辐射强度 $I$

## D 太阳辐射强度 $I$ [W/m²]
### 近似测定:
### 傅里叶分量 $a_0/2$ 和 $a_1$

| 太阳辐射近似计算 | 24小时平均值 $\bar{I}$ | 振幅,基本辐射频率 |
|---|---|---|
| 傅里叶分量 | $a_0/2$ | $\|a_1\|$ |
| 日照时间 $t$ [h] | | |
| 4 | 0.111 | 0.215 |
| 6 | 0.165 | 0.310 |
| 8 | 0.218 | 0.391 |
| 10 | 0.269 | 0.455 |
| 12 | 0.318 | 0.500 |
| 14 | 0.364 | 0.527 |
| 16 | 0.406 | 0.536 |
| 18 | 0.443 | 0.533 |
| 20 | 0.472 | 0.520 |
| 22 | 0.492 | 0.507 |

### 太阳平均辐射强度 $I$ 和日振幅的计算

#### 示例
日太阳辐射最大值 $I_{max} = 600$ W/m²
日照射时间 $t = 16$ h

#### 日平均辐射强度 $\bar{I}$

$$\bar{I} = \frac{a_0}{2} \cdot I_{max} = 0.406 \times 600 = 243.6 \text{ W/m}^2$$

太阳辐射的日平均值和热交换的稳定部分相关,它决定着制冷的能耗需求。

#### 日振幅 $\Delta I_d$

$$\Delta I_d = |a_1| \cdot I_{max} = 0.536 \times 600 = 321.6 \text{ W/m}^2$$

太阳辐射的日振幅与热交换的非稳定部分相关,它决定了制冷所需的最大功率。

#### 相关日最大值 $I_{max}$

$$I_{max} = \bar{I} + \Delta I = 243.6 + 321.6 = 565.2 \text{ W/m}^2$$

## 室外月平均温度 $\bar{\theta}_e$ [°C]
## 和总太阳辐射照量 G，单位 kW·h/m²

| 月份/地点 | °C | $G_H$ | $G_S$ | $G_N$ | $G_{E,W}$ |
|---|---|---|---|---|---|
| 巴塞尔 Basel | | | | | |
| 1 | 0.3 | 32 | 51 | 18 | 10 |
| 2 | 1.1 | 48 | 61 | 25 | 12 |
| 3 | 5.0 | 88 | 87 | 48 | 21 |
| 4 | 8.6 | 122 | 84 | 63 | 27 |
| 5 | 13.3 | 160 | 84 | 79 | 34 |
| 6 | 16.6 | 165 | 77 | 81 | 37 |
| 7 | 18.4 | 166 | 83 | 79 | 34 |
| 8 | 17.2 | 135 | 86 | 70 | 28 |
| 9 | 14.9 | 112 | 100 | 61 | 21 |
| 10 | 9.7 | 68 | 84 | 41 | 15 |
| 11 | 4.9 | 34 | 51 | 21 | 7 |
| 12 | 0.7 | 25 | 44 | 15 | 8 |

| 月份/地点 | °C | $G_H$ | $G_S$ | $G_N$ | $G_{E,W}$ |
|---|---|---|---|---|---|
| 苏黎世 Zurich | | | | | |
| 1 | -0.9 | 30 | 48 | 17 | 10 |
| 2 | 0.1 | 51 | 65 | 27 | 13 |
| 3 | 4.5 | 102 | 100 | 55 | 25 |
| 4 | 8.3 | 123 | 84 | 63 | 27 |
| 5 | 12.6 | 164 | 86 | 81 | 34 |
| 6 | 15.6 | 170 | 79 | 83 | 38 |
| 7 | 17.7 | 170 | 86 | 81 | 35 |
| 8 | 16.5 | 146 | 93 | 76 | 30 |
| 9 | 14.4 | 119 | 107 | 66 | 23 |
| 10 | 9.1 | 70 | 86 | 42 | 15 |
| 11 | 4.1 | 31 | 46 | 19 | 7 |
| 12 | 0.5 | 22 | 38 | 13 | 7 |

| 月份/地点 | °C | $G_H$ | $G_S$ | $G_N$ | $G_{E,W}$ |
|---|---|---|---|---|---|
| 伯尔尼 Bern | | | | | |
| 1 | -1.5 | 32 | 52 | 18 | 11 |
| 2 | 0.2 | 52 | 65 | 27 | 13 |
| 3 | 4.0 | 97 | 95 | 52 | 23 |
| 4 | 8.2 | 124 | 85 | 64 | 27 |
| 5 | 12.4 | 161 | 84 | 79 | 34 |
| 6 | 16.2 | 164 | 77 | 80 | 37 |
| 7 | 17.6 | 180 | 90 | 86 | 37 |
| 8 | 17.0 | 148 | 94 | 77 | 31 |
| 9 | 14.7 | 111 | 99 | 61 | 21 |
| 10 | 8.9 | 70 | 86 | 42 | 15 |
| 11 | 4.1 | 30 | 45 | 18 | 6 |
| 12 | 0.1 | 23 | 40 | 14 | 7 |

| 月份/地点 | °C | $G_H$ | $G_S$ | $G_N$ | $G_{E,W}$ |
|---|---|---|---|---|---|
| 达沃斯 Davos | | | | | |
| 1 | -6.4 | 46 | 74 | 25 | 15 |
| 2 | -5.8 | 66 | 83 | 34 | 17 |
| 3 | -2.6 | 115 | 113 | 62 | 28 |
| 4 | 2.0 | 147 | 101 | 76 | 32 |
| 5 | 7.0 | 169 | 89 | 83 | 35 |
| 6 | 10.6 | 162 | 76 | 79 | 36 |
| 7 | 12.3 | 173 | 87 | 82 | 35 |
| 8 | 11.5 | 143 | 90 | 74 | 30 |
| 9 | 9.5 | 112 | 101 | 62 | 21 |
| 10 | 4.1 | 85 | 105 | 51 | 19 |
| 11 | -0.7 | 52 | 78 | 32 | 11 |
| 12 | -4.7 | 37 | 64 | 22 | 12 |

## 转换: 1 kW·h = 3.6 MJ

$G_H$  在水平面的辐射照量
$G_S$  在南立面的辐射照量
$G_N$  在北立面的辐射照量

$G_E$  在东立面的辐射照量
$G_W$  在西立面的辐射照量
$G_{E,W}$ 在东、西立面的辐射照量

| 月份 | °C | $G_H$ | $G_S$ | $G_N$ | $G_E$ | $G_W$ |
|---|---|---|---|---|---|---|
| 北京 | | | | | | |
| 1 | -3.8 | 70.4 | 109.1 | 11.8 | 41.6 | 41.2 |
| 2 | -1.6 | 93.4 | 112.8 | 13.8 | 51.6 | 57.1 |
| 3 | 7.7 | 128.8 | 95.9 | 26.3 | 68.5 | 71.7 |
| 4 | 14.4 | 154.7 | 77.5 | 30.3 | 78.7 | 78.8 |
| 5 | 19.4 | 165.1 | 58.6 | 22.7 | 82.8 | 80.6 |
| 6 | 24.5 | 157.5 | 51.2 | 24.0 | 76.6 | 73.8 |
| 7 | 26.5 | 147.6 | 53.2 | 26.1 | 72.4 | 71.3 |
| 8 | 25.6 | 142.7 | 62.9 | 36.2 | 73.9 | 71.9 |
| 9 | 20.4 | 111.3 | 70.5 | 27.2 | 60.5 | 61.1 |
| 10 | 12.9 | 99.4 | 97.4 | 21.8 | 55.0 | 60.7 |
| 11 | 5.4 | 73.3 | 106.0 | 12.5 | 42.5 | 40.2 |
| 12 | -0.5 | 60.4 | 96.6 | 13.5 | 38.4 | 35.7 |

| 月份 | °C | $G_H$ | $G_S$ | $G_N$ | $G_E$ | $G_W$ |
|---|---|---|---|---|---|---|
| 南京 | | | | | | |
| 1 | 2.2 | 64.6 | 79.3 | 13.4 | 20.3 | 66.8 |
| 2 | 4.5 | 61.7 | 53.2 | 14.1 | 18.4 | 54.5 |
| 3 | 8.9 | 107.7 | 64.3 | 23.6 | 35.7 | 68.8 |
| 4 | 15.7 | 112.6 | 50.3 | 31.8 | 40.9 | 75.5 |
| 5 | 20.6 | 129.3 | 45.4 | 27.9 | 39.7 | 77.7 |
| 6 | 24.8 | 133.4 | 45.7 | 34.9 | 47.6 | 67.8 |
| 7 | 28.6 | 134.5 | 48.1 | 31.7 | 43.8 | 83.9 |
| 8 | 27.7 | 134.7 | 57.2 | 33.9 | 46.6 | 97.6 |
| 9 | 23.5 | 106.1 | 55.2 | 26.5 | 37.3 | 74.0 |
| 10 | 16.9 | 88.6 | 72.7 | 19.6 | 32.7 | 56.9 |
| 11 | 10.5 | 72.6 | 79.8 | 14.4 | 23.2 | 54.3 |
| 12 | 4.9 | 63.6 | 78.3 | 12.5 | 19.4 | 47.0 |

| 月份 | °C | $G_H$ | $G_S$ | $G_N$ | $G_E$ | $G_W$ |
|---|---|---|---|---|---|---|
| 哈尔滨 | | | | | | |
| 1 | -18.5 | 48.5 | 69.9 | 14.3 | 31.4 | 30.8 |
| 2 | -14.5 | 63.3 | 68.3 | 18.4 | 38.0 | 41.2 |
| 3 | -2.6 | 121.9 | 106.7 | 22.4 | 64.4 | 71.0 |
| 4 | 7.8 | 131.9 | 74.9 | 27.7 | 70.7 | 73.4 |
| 5 | 14.3 | 159.2 | 66.6 | 20.9 | 83.2 | 79.7 |
| 6 | 20.0 | 158.5 | 58.1 | 17.1 | 82.4 | 77.2 |
| 7 | 22.9 | 150.6 | 59.3 | 19.0 | 78.3 | 75.1 |
| 8 | 21.0 | 141.7 | 74.5 | 24.0 | 78.1 | 69.5 |
| 9 | 14.7 | 118.0 | 89.5 | 24.1 | 64.7 | 65.1 |
| 10 | 5.1 | 86.0 | 103.2 | 17.7 | 53.0 | 51.7 |
| 11 | 6.7 | 56.0 | 92.5 | 11.0 | 35.9 | 35.5 |
| 12 | 14.8 | 40.1 | 67.5 | 12.6 | 28.1 | 28.7 |

| 月份 | °C | $G_H$ | $G_S$ | $G_N$ | $G_E$ | $G_W$ |
|---|---|---|---|---|---|---|
| 广州 | | | | | | |
| 1 | 13.9 | 74.2 | 55.3 | 25.2 | 39.4 | 38.6 |
| 2 | 14.2 | 60.0 | 36.5 | 23.4 | 31.2 | 31.0 |
| 3 | 18.3 | 61.7 | 30.3 | 23.2 | 30.0 | 30.7 |
| 4 | 22.4 | 78.0 | 33.8 | 31.3 | 37.8 | 37.7 |
| 5 | 26.1 | 108.1 | 40.6 | 37.4 | 54.0 | 52.1 |
| 6 | 27.2 | 94.9 | 34.2 | 31.5 | 47.0 | 42.9 |
| 7 | 28.8 | 119.9 | 43.6 | 40.0 | 59.7 | 56.7 |
| 8 | 28.0 | 118.9 | 41.9 | 33.3 | 58.8 | 56.3 |
| 9 | 27.4 | 112.9 | 51.6 | 35.6 | 56.6 | 57.9 |
| 10 | 24.3 | 118.8 | 73.9 | 36.6 | 61.6 | 62.4 |
| 11 | 20.1 | 97.9 | 77.6 | 26.8 | 52.1 | 48.5 |
| 12 | 15.4 | 89.9 | 79.0 | 24.4 | 47.3 | 44.8 |

注：以上数据来源于：
《中国建筑热环境分析专用气象数据集》
版权所有（C）2005
中国气象局气象信息中心气象资料室
清华大学建筑学院建筑技术科学系

# BASIC MECHANISMS OF HEAT TRANSFER
# 传热的基本原理

## 外部环境:
### 红外辐射 — 辐射热交换
红外辐射发生在建筑物和它所处的环境，以及周边几千公里厚的空气层之间。

### 室外红外辐射的换热系数 $h_r$
$h_r = 4.4{\sim}5.1\ \text{W/}(\text{m}^2{\cdot}\text{K})$

### 辐射平衡
有云雾遮盖的天空
大气辐射温度与空气温度相一致。

### "辐射洞"
晴空大气层部分透射的热红外辐射：
外部表面对寒冷的大气空间的辐射远比大气接收到的要多。表面温度会降至低于空气温度。
这将导致全年采暖需求增加20%。

### 对流 — 对流传热
对流传热是由强风或建筑表面较大的温差引起的，其破坏了建筑外表面的能量平衡。

### 室外空气的对流换热系数 $h_c$
$h_c = 8.1 \cdot v^{0.6}\ \text{W/}(\text{m}^2{\cdot}\text{K})$
$v$: 气流速度，风速 [m/s]

## 辐射和对流的综合效应
结合辐射和对流的占比就得到外表面换热系数 $h_e$:

## 外表面换热系数 $h_e$
SIA 瑞士 / DIN 德国
$h_e = 25.0\ \text{W/}(\text{m}^2{\cdot}\text{K})$

ASHRAE 美国
冬天
$h_e = 34.1\ \text{W/}(\text{m}^2{\cdot}\text{K})$
夏天
$h_e = 22.7\ \text{W/}(\text{m}^2{\cdot}\text{K})$

GB50176 中国
冬天
$h_e = 23\ \text{W/}(\text{m}^2{\cdot}\text{K})$
夏天
$h_e = 39\ \text{W/}(\text{m}^2{\cdot}\text{K})$

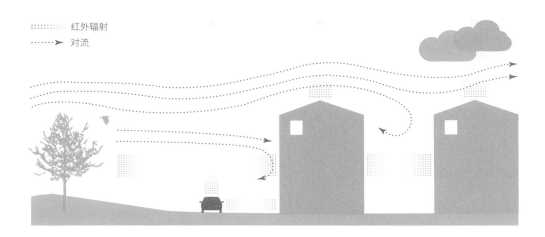

红外辐射
对流

**A 室内空间:**

**红外辐射－辐射热交换**

任何物体表面之间的热交换都是通过电磁波传递:
表面温度接近室内舒适温度，人就感觉"温暖舒服"

最大强度的电磁波波长: 10μm

热辐射主导着室内的传热

**室内辐射换热系数 $h_r$**

$h_r = 4.4 \sim 5.1 \ W/(m^2 \cdot K)$

**温度**

温度越高，发出的辐射越强；强度越强，辐射波长越短。

**入射辐射强度**

取决于：
周围环境的几何形状、距离、表面材料和纹理（发射率）及它们的温度。

**辐射逆差**

暖暖的身体散发出的热量多于它从凉或冷的周边环境中接收到的热量时，就会有"冷风的感觉"。

**导热和对流**

通过传导加热或冷却靠近表面的空气层，即直接接触

这就造成了周围空气密度的差异。

产生对流，引起热传递。

**室内对流换热系数 $h_c$**

$h_c = 1.5 \sim 2 \ W/(m^2 \cdot K)$

**A** 室内红外辐射、导热和对流示意图

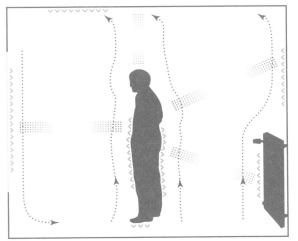

::::::::::: 红外辐射

∙∙∙∙∙∙∙▶ 对流

⋀⋀⋀⋀ 导热

### 边界层

由空气和内表面之间的温差引起的流动空气层，特别是在垂直玻璃面前。

边界的空气通过传导降温，冷空气会下沉，边界空气层厚度约 0.2m。

边界层空气流量的大小取决于（玻璃的）几何形状和表面温差，空气下沉的速度影响着舒适度。

边界层空气的下降速度 $v$ 应小于 0.3m/s，以保持舒适度。

### B 对流流动=边界层流动

室内空气温度和墙体边界层空气以及内表面温度之间的温差 $\Delta\theta$ 越大，垂直玻璃面越高，对流就越强。

### 辐射与对流的综合效应

结合辐射和对流的占比就得到内表面换热系数 $h_i$

### 内表面换热系数 $h_i$

SIA 瑞士

$h_i = 8\ W/(m^2 \cdot K)$ 或 $h_i = 6\ W/(m^2 \cdot K)$

详见 38~39 页

在室内，辐射的传热强度大约是自然对流的两倍：
→ 与舒适度相关

### 决定因素

防止冷辐射引起的"冷风感"

### → 玻璃高度 $h$

### → 玻璃的 $U_g$ 值

取决于它的高度 $h$ 和室外温度 $\theta_e$

## B 对流流动 = 边界层流动

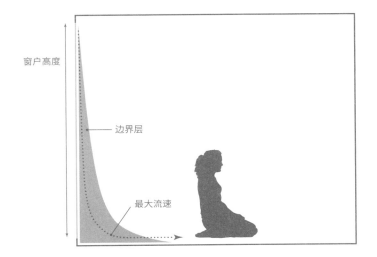

## 边界层的最大流速 $v_{max}$

玻璃表面温度和边界空气温度的温差与玻璃高度 $h$ 的函数关系

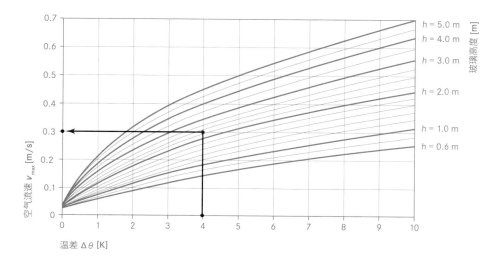

**为防止"风感"气流,限制空气流速 *v* < 0.3m/s,玻璃高度 *h* 与玻璃最大允许 *U*$_g$ 值的关系**

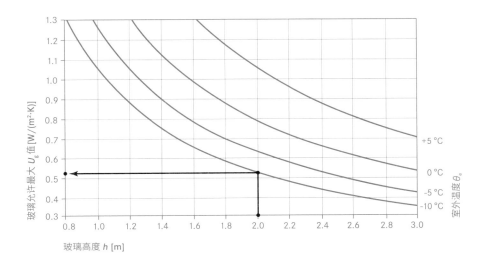

## STATIONARY HEAT EXCHANGE
## 稳定传热

温差 $\Delta\theta$: 常量 $\neq 0$
热流量 $\dot{Q}$: 常量 $\neq 0$
热状态: 平衡流量

$$q = \frac{\dot{Q}}{A} = \frac{\Delta\theta}{R} = \frac{\lambda}{d} \cdot \Delta\theta \ [W/m^2]$$

其中:

$q$ : 热流强度 $[W/m^2]$

$\dot{Q}$ : 热流量 $[W]$

$A$ : 热流通过的面积 $[m^2]$

$\Delta\theta$ : 温差 $[K]$

$R = \frac{d}{\lambda}$ : 热阻 $[m^2 \cdot K/W]$

$d$ : 材料厚度 $[m]$

$\lambda$ : 材料导热系数 $[W/(m \cdot K)]$

### $U$ 值 $[W/(m^2 \cdot K)]$

测量温差为 1 度（K或 °C）时, 通过每平方米面积的传热量

$$U = \frac{1}{R_{tot}} = \frac{1}{R_i + R_{wall} + R_e} = \frac{1}{\frac{1}{h_i} + R_{wall} + \frac{1}{h_e}}$$

| $U$ | 传热系数（总） | $[W/(m^2 \cdot K)]$ |
|---|---|---|
| $h_i$, $h_e$ | 内外表面换热系数 | $[W/(m^2 \cdot K)]$ |

$U$ 值越低, 传递的热量越少

### A 传热系数的基本计算

室内 — 分项

| 对流 | 辐射 |
|---|---|
| $h_c \approx 1.5\sim2 \ W/(m^2 \cdot K)$ | $h_r \approx 4.4\sim5.1 \ W/(m^2 \cdot K)$ |

室内 — 综合

| 对流+辐射 |
|---|
| $h_i \approx 8 \ W/(m^2 \cdot K)$ |

室外 — 分项

| 对流 | 辐射 |
|---|---|
| $h_c \approx 8.1 \cdot V^{0.6} \ W/(m^2 \cdot K)$ | $h_r \approx 4.4\sim5.1 \ W/(m^2 \cdot K)$ |

室外 — 综合

| 对流+辐射 |
|---|
| $h_e \approx 25 \ W/(m^2 \cdot K)$ |

## A 传热系数的基本计算

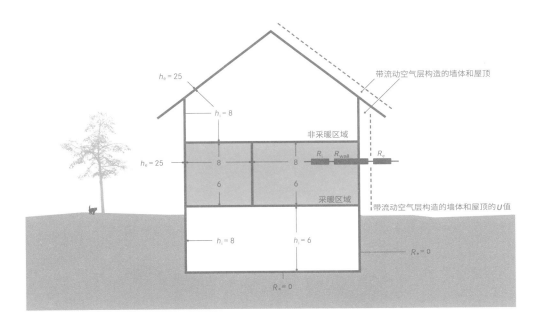

带流动空气层构造的墙体和屋顶

非采暖区域

$R_i$  $R_{wall}$  $R_e$

带流动空气层构造的墙体和屋顶的 $U$ 值

采暖区域

$R_e = 0$

$R_e = 0$

$h_e = 25$

$h_i = 8$

$h_e = 25$

8      8

6      6

$h_i = 8$  $h_i = 6$

### 带流动空气层构造的墙体和屋顶的传热系数

在顶层和底层开放的空气层传热可以忽略不计，外表面换热系数 $h_e$ 降至内表面换热系数 $h_i$。

### 带流动空气层构造的墙体和屋顶的 *U* 值

$$U = \frac{1}{R_{tot}} = \frac{1}{R_i + R_{wall} + R_e} = \frac{1}{\dfrac{1}{h_i} + R_{wall} + \dfrac{1}{h_e}}$$

## B *U* 值和剖面温度分布的计算

## C 示例: 见构造层

室外温度 $\theta_e$ = -10℃

室内温度 $\theta_i$ = 20℃

构造排序从外向内

| 材料 | 厚度 [m] | 导热系数 $\lambda$ [W/(m·K)] |
|------|---------|------------------------|
| 外抹灰 | 0.01 | 0.87 |
| 发泡聚苯乙烯 | 0.12 | 0.038 |
| 钢筋混凝土 | 0.25 | 1.80 |
| 内抹灰 | 0.01 | 0.70 |

导热系数 $\lambda$ [W/(m·K)]

不同材料有不同的参数

材料性能见附录表

或详见制造商信息

## B *U* 值和剖面温度分布的计算

www.pinpoint-online.ch

| *U* 值和剖面温度分布 | | *U* 值的计算 | | | | | | | 剖面温度分布的计算 | | |
|---|---|---|---|---|---|---|---|---|---|---|---|
| | | *d* | *λ* | *h*$_{e,i}$ | $\frac{1}{h_{e,i}}$ or $\frac{d_j}{\lambda_j}$ | $\frac{1}{h_{e,i}} + \sum_j \frac{d_j}{\lambda_j}$ | *q* | *Δθ* | *θ* | | |
| 构造 | 材料 | [m] | [W/(m·K)] | [W/(m²·K)] | [m²·K/W] | [m²·K/W] | [W/m²] | [°C] | [°C] | | |
| 室外空气 | | — | — | — | — | | | | | | |
| 室外换热 | | — | — | 25 | 0.04 | 0.04 | [1] 5.92 | [2] 0.24 | $\theta_e = -10.0$ | | |
| | | | | | | | | | $\theta_{se} = -9.76$ | | |
| 第一层 | 抹灰 | 0.01 | 0.87 | — | 0.011 | 0.051 | | [3] 0.068 | | | |
| | | | | | | | | | $\theta_{12} = -9.692$ | | |
| 第二层 | 聚苯乙烯 | 0.18 | 0.038 | — | 4.737 | 4.788 | | [3] 28.05 | | | |
| | | | | | | | | | $\theta_{23} = 18.358$ | | |
| 第三层 | 钢筋混凝土 | 0.25 | 1.8 | — | 0.139 | 4.927 | | [3] 0.82 | | | |
| | | | | | | | | | $\theta_{34} = 19.178$ | | |
| 第四层 | 抹灰 | 0.01 | 0.7 | — | 0.014 | 4.941 | | [3] 0.08 | | | |
| | | | | | | | | | $\theta_{45} = 19.258$ | | |
| 第五层 | | | | — | | | | [3] | | | |
| | | | | | | | | | $\theta_{56} =$ | | |
| 第六层 | | | | — | | | | [3] | | | |
| | | | | | | | | | $\theta_{67} =$ | | |
| 第七层 | | | | — | | | | | | | |
| | | | | | | | | | $\theta_{78} =$ | | |
| 第八层 | | | | — | | | | [3] | | | |
| 室内换热 | | — | — | 8 | 0.125 | | | [2] 0.744 | $\theta_{si} =$ | | |
| | | | | | | 5.066 | | | $\theta_i = 20.002$ | | |
| 室内空气 | | — | — | — | — | | — | | | | |

$$R_{tot} = \frac{1}{h_e} + \sum_j \frac{d_j}{\lambda_j} + \frac{1}{h_i} = 5.066 \quad [\text{m}^2\cdot\text{K/W}]$$

$$U = \frac{1}{R_{tot}} = 0.197 \quad\quad\quad [\text{W/(m}^2\cdot\text{K)}]$$

[1] $q = U \cdot (\theta_i - \theta_e)$

[2] $\Delta\theta = \frac{1}{h} \cdot q$

[3] $\Delta\theta = \frac{d}{\lambda} \cdot q$

## C 示例：构造层

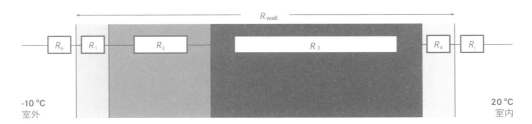

## 综合热损失系数 $F_L$ [W/K]

$F_L = F_{Ltr} + F_{Lac}$ [W/K]

## D 基于热传导的热损失系数 $F_{Ltr}$

$F_{Ltr} = \sum_i A_i \cdot U_i + \sum_n I_n \cdot \chi_n + \sum_m \psi_m$ [W/K]

某材料的传热面积 $A_i$ 对应 $U_i$
线性热桥长度 $I_n$ 和线性校正值 $\chi_n$*
点式热桥对应修正值 $\psi_m$*

\* 详见热桥目录

瑞士联邦能源局，BFE，2002 年

## 基于空气渗透的对流热损失系数 $F_{Lac}$

$F_{Lac} \approx \dfrac{n \cdot V}{3}$ [W/K]

详见 88 页

## 热损失功率 $P$

$P = F_L \cdot \Delta\theta$ [W]

## 示例：

### 基于热传导的热损失系数 $F_{Ltr}$

外表面
$A_{wa}$ 墙体面积：10 m²，$U_{wa}$ = 0.25 W/(m²·K)
$A_{wi}$ 窗户面积：4 m²，$U_{wi}$ = 1.1 W/(m²·K)
窗洞口窗墙交界处线性校正：
$I_{wo}$ 窗口周长：8.2 m，$\chi$ = 0.12 W/(m·K)
紧固螺栓点式校正：
两件，每件 $\psi$ = 0.3 W/K
$F_{Ltr} = A_{wa} \cdot U_{wa} + A_{wi} \cdot U_{wi} + I_{wo} \cdot \chi + 2 \cdot \psi$
$= 10 \times 0.25 + 4 \times 1.1 + 8.2 \times 0.12 + 2 \times 0.3$
$= 8.48$ W/K

### 基于空气渗透的对流热损失系数 $F_{Lac}$

房间容积 $V$：60 m³
空气渗透次数 $n$：0.5 h⁻¹

$F_{Lac} \approx \dfrac{n \cdot V}{3} = \dfrac{0.5 \times 60}{3} = 10$ W/K

### 综合热损失系数 $F_L$

$F_L = F_{Ltr} + F_{Lac} = 8.48 + 10 = 18.48$ W/K

### 热损失功率 $P$

平均室温：20°C
室外气温：-10°C
$P = F_L \cdot \Delta\theta = 18.48 \times 30 = 554.4$ W
其中：
热传导损失 254.4 W
空气渗透损失 300 W

## D 基于热传导的热损失系数 $F_{Ltr}$
线性热桥和点热桥

$\chi_n$ : 线性校正
$\psi_m$ : 点校正

## 构造设计原则

1. 用连续的保温层包裹整个建筑物。

2. 加强建筑围护结构的气密性，避免因各空隙所导致的辐射和对流散热。

3. 避免任何无绝缘措施的金属连接，必要时限制点连接。

4. 建筑外墙转角或顶角等薄弱位置要求加厚或选用导热系数更低的材料。

5. 承重结构应尽可能地布置在保温层的内侧。穿透保温层的悬挑构件，必须像外墙一样设置保温。

6. 硬质的保温材料（如泡沫玻璃、岩棉、硬质聚苯乙烯等）可承担一部分分布荷载，但不应承受拉伸或集中点荷载。

7. 对于锚接点，尽可能使用预制的玻璃纤维或碳纤维增强塑料构件。如果使用金属连接件，要确保连接到内部的点与外部的连接件分开。使用塑料管或垫圈，确保足够高的内表面温度，以防止结露。

## NON-STATIONARY/DYNAMIC
## HEAT EXCHANGE
## 非稳定传热

温差 $\Delta\theta$: 变量
热流强度 $q$: 变量

此条件下热流和蓄热是变化的。

其中:
$\rho$: 材料密度 [kg/m³]
$c$: 比热容 [kJ/(kg·K)]
$c \cdot \rho$: 单位体积热容量 [kJ/(m³·K)]
$\lambda$: 导热系数 [W/(m·K)]

### 热扩散率 $a$ [m²/s]
*它表示物体在加热和冷却中温度趋于均匀一致的能力, 这个综合性物理参数对稳定传热没有影响, 但在非稳定传热过程中, 它是一个非常重要的参数。

### 衡量温度变化的量

$$a = \frac{\lambda}{c \cdot \rho} \ [m^2/s]$$

### 热渗透系数 $b$ [kJ/(m²·K·s½)]
*类似于材料中热量的传输能力, 不同于静态热容量。有些材料的温度变化非常快, 热量到达的位置不是很深, 有些可以传导得很深。在这个过程中, 一些材料能把大量的热量移动到材料中, 而在另一些材料中却不能。

### 衡量某一时间段里材料吸热或放热的量

$$b = \sqrt{\lambda \cdot c \cdot \rho} \ [kJ/(m^2·K·s^{½})]$$

## 材料非稳定传热状态特性表 *a, √a, b*

| 材料 | $\rho$ [kg/m³] | $c$ [kJ/(kg·K)] | $c \cdot \rho$ [kJ/(m³·K)] | $\lambda$ [W/(m·K)] | $a = \lambda/(c \cdot \rho)$ [$10^{-8}$m²/s] | $\sqrt{a} = \sqrt{\lambda/(c \cdot \rho)}$ [$10^{-4}$m/s$^{1/2}$] | $b = \sqrt{\lambda \cdot c \cdot \rho}$ [kJ/(m²·K·s$^{½}$)] |
|---|---|---|---|---|---|---|---|
| 黏土 | 1,700 | 0.90 | 1,530 | 0.90 | 59 | 7.67 | 1.17 |
| 砂/砾石 | 1,900 | 0.80 | 1,520 | 0.70 | 46 | 6.79 | 1.03 |
| 黏土砖 | 1,100 | 0.90 | 990 | 0.44 | 44 | 6.67 | 0.66 |
| 石灰砖 | 1,800 | 0.90 | 1,620 | 1.00 | 62 | 7.86 | 1.27 |
| 加气混凝土 | 500 | 1.00 | 500 | 0.13 | 26 | 5.10 | 0.25 |
| 钢筋混凝土 | 2,400 | 1.10 | 2,640 | 1.80 | 68 | 8.26 | 2.18 |
| 木（云杉） | 480 | 2.10 | 1,008 | 0.14 | 14 | 3.73 | 0.38 |
| 发泡聚苯乙烯 | 17 | 1.40 | 24 | 0.04 | 167 | 12.91 | 0.03 |
| 岩棉 | 大约80 | 0.60 | 48 | 0.04 | 83 | 9.11 | 1.38 |
| 铝 | 2,700 | 0.90 | 2,430 | 200 | 8,230 | 90.72 | 22.05 |
| 铜 | 8,900 | 0.39 | 3,471 | 380 | 10,948 | 104.63 | 36.31 |
| 不锈钢 | 7,900 | 0.47 | 3,713 | 17 | 458 | 21.40 | 7.94 |
| 玻璃 | 2,500 | 0.80 | 2,000 | 0.81 | 41 | 6.36 | 1.27 |
| 硬质橡胶 | 1,200 | 1.42 | 1,704 | 0.16 | 9 | 3.06 | 0.52 |
| 冰(< 0℃) | 860 | 2.05 | 1,763 | 2.23 | 126 | 11.25 | 1.98 |
| 水(10℃) | 1,000 | 4.19 | 4,190 | 0.58 | 14 | 3.72 | 1.56 |
| 空气（静止） | 1.2 | 1.00 | 1.2 | 0.03 | 2,500 | 50.00 | 0.01 |

$\rho$：材料密度 [kg/m³]

$c$：比热容 [kJ/(kg·K)]

$c \cdot \rho$：单位体积热容量 [kJ/(m³·K)]

$\lambda$：导热系数 [W/(m·K)]

$a$：热扩散率 [$10^{-8}$m²/s]

$b$：热渗透系数 [kJ/(m²·K·s$^{½}$)]

## A 周期激发 ＝ 温度波
温度以动态的温度波形式渗入到材料层里的温度变化:

→ 随着材料深度的增加振幅减小。

## 周期位移
它延迟了渗透随着材料厚度的增加而产生的温度变化。

**A 周期激发 = 温度波**
**　周期位移**

示例: 动态传热条件下混凝土中的温度波

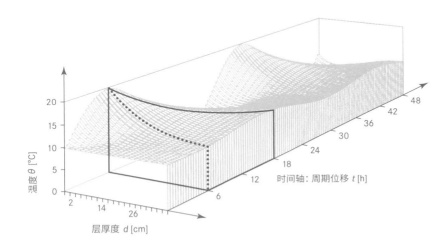

**周期激发:**

**B** **渗透深度 $\sigma$ [m]**

判断温度变化（热波）能够抵达材料层的深度。

与热扩散率 $a$ 的平方根成正比:

$$\sigma \text{ [m]} \propto \sqrt{a}$$

因此:

$$\sigma = \sqrt{\frac{T \cdot \lambda}{\pi \cdot c \cdot \rho}} = \sqrt{\frac{T}{\pi}} \cdot \sqrt{a}$$

**单位时间 $T$=1 天（24小时）的渗透深度 $\sigma_{24}$:**

$$\sigma_{24} = 165.8 \cdot \sqrt{a} \text{ [m]}$$

$T$=24h=86,400s

**单位时间 $T$=1 年的渗透深度 $\sigma_y$:**

$$\sigma_y = 3{,}168.3 \cdot \sqrt{a} \text{ [m]}$$

$T = 365\,\text{d} = 31.5 \cdot 10^6\,\text{s}$

**温度变化衰减**

$$\Delta\theta_{(x)} = \Delta\theta_0 \cdot e^{-\frac{x}{\sigma}}$$

$e = 2.71828$（数学常数）

**材料层厚度 $d$ 中的温度衰减:**

$d = \sigma$: 36.7% ($e^{-1}$) 的振幅

$d = 2\sigma$: 13.5% ($e^{-2}$) 的振幅

$d = 3\sigma$: 5.0% ($e^{-3}$) 的振幅

材料厚度大于 $d = 3\sigma$ 时, 温度变化可以忽略。

**能量交换值 $Q_T$ [J/m²]**

测算在 $T$ 时间段里每平方米材料吸收或释放的能量 = 蓄热或放热量（材料无限厚）:

$$Q_T = 2 \cdot \sqrt{\frac{T}{2\pi} \cdot \rho \cdot c \cdot \lambda} \cdot \Delta\theta = 2\sqrt{\frac{T}{2\pi}} \cdot b \cdot \Delta\theta$$

**能量交换值 $Q_{24}$**

当 $T = 1$ 天:

$$Q_{24} = 2 \times 117.3 \times b \times \Delta\theta$$

**能量交换值 $Q_y$**

当 $T = 1$ 年:

$$Q_y = 2 \times 2240.3 \times b \times \Delta\theta$$

**以钢筋混凝土为例**

白天温度振幅 $\Delta\theta = 6\text{K}$

热扩散率 $a = 68 \times 10^{-8}$ [m²·s]

热渗透系数 $b = 2.18$ [kJ/(m²·K·s^½)]

**日温度变化渗透深度**

$$\sigma_{24} = 165.8 \times \sqrt{a} = 165.8 \times \sqrt{68 \times 10^{-8}} = 0.137\,\text{m}$$

**年温度变化的渗透深度**

$$\sigma_y = 3168.3 \times \sqrt{a} = 3168.3 \times \sqrt{68 \times 10^{-8}} = 2.61\,\text{m}$$

**日换热量 $Q_{24}$**

$$Q_{24} = 2 \times 117.3 \times 2.18 \times 6 = 3068.6\,\text{kJ/m}^2 \approx 3.1\,\text{MJ/m}^2$$

材料值表: 详见附录

## B 渗透深度 σ [m]—随材料厚度 d 增大而减小

热波进入墙体时间 t 在24小时内的温度分布 (以混凝土为例)

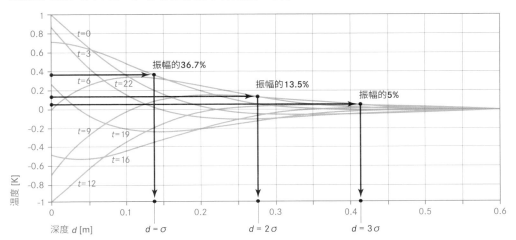

## B 渗透深度 σ [m]

不同的材料的常用厚度

| 材料 | 热扩散率 $a$ | 常用厚度 $d$ | 渗透深度 σ [m] | |
|---|---|---|---|---|
| | $a [10^{-8} m^2/s]$ | $d [m]$ | $T [s]$ = 1 year | $T [s]$ = 1 day |
| | | | 31,536,000 s | 86,400 s |
| 木 (云杉) | 14 | 0.05 | 1.18 | 0.062 |
| 砖 | 44 | 0.30 | 2.10 | 0.110 |
| 保温砖 (Optitherm 牌) | 20 | 0.475 | 1.42 | 0.074 |
| 石灰砖 | 62 | 0.15 | 2.50 | 0.131 |
| 钢筋混凝土 | 68 | 0.20 | 2.61 | 0.137 |
| 加气混凝土 | 26 | 0.50 | 1.62 | 0.065 |
| 聚苯乙烯 | 167 | 0.12 | 4.09 | 0.214 |
| 岩棉 80 kg/m³ | 83 | 0.12 | 2.89 | 0.151 |
| 泡沫玻璃 | 44 | 0.12 | 2.10 | 0.110 |
| 钢 | 1,528 | | 12.39 | 0.648 |
| 铝 | 8,230 | | 28.74 | 1.504 |

**周期激发:**

**C 动态蓄热能力 C [J/(m²·K)]**

它是衡量热吸收能力的热物理量=蓄热能力 [J/(m²·K)]，与材料的厚度 $d$ 和面积相关。

1. 如果厚度

$$d \leqslant \frac{1}{\sqrt{2}} \cdot \sigma$$

**蓄热能力 C [J/(m²·K)]**
**→ 取决于材料厚度 d**

$C = c \cdot \rho \cdot d \ [J/(m^2 \cdot K)]$

其中:

$c$ : 比热容 [kJ/(kg·K)]
$\rho$ : 材料密度 [kg/m³]
$c \cdot \rho$ : 单位体积热容量 [kJ/(m³·K)]
$d$ : 材料厚度 [m]

2. 如果厚度

$$d \geqslant \frac{1}{\sqrt{2}} \cdot \sigma$$

**蓄热能力 C [J/(m²·K)]**
**→ 与材料厚度无关 d**

$$C = \sqrt{\frac{T}{2\pi}} \cdot b \ [J/(m^2 \cdot K)]$$

其中:

$T$ : 时间 [s]
$b$ : 热渗透系数 [kJ/(m²·K·s^{½})]

**C** 动态蓄热能力 *C* [J/(m²·K)]

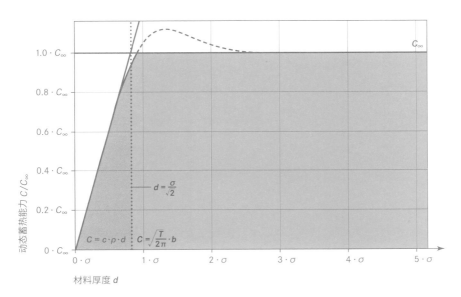

......  $d = \frac{\sigma}{\sqrt{2}}$

▬▬▬ 薄层 *d* [cm]  $d \leqslant \frac{1}{\sqrt{2}} \cdot \sigma$

▬▬▬ 厚层 *d* [cm]  $d \geqslant \frac{1}{\sqrt{2}} \cdot \sigma$

**D 附加热阻 $R_{Pr}$ [m²·K/W]
折减有效的蓄热能力 $C$**

储热体 $C$ 和房间之间的附加层，如室内的吊顶或地毯，会降低诸如混凝土楼板等材料的有效蓄热能力：

→ 附加热阻 $R_{Pr}$

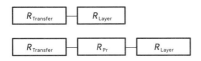

吊顶对应一个附加的热阻 $R_{sC}$
$R_{Pr}$ 是由吊顶的材料热阻和形成的空气隔层的热阻组成的：

$R_{Pr} = R_{sC} + R_{hollow\,space}$

如果吊顶空腔层大于 10 cm：
$R_{hollow\,space} = 0.20$ m²·K/W

$$\beta_1 = \frac{R_{Transfer}}{R_{Layer}}$$

$$\beta_2 = \frac{R_{Pr}}{R_{Layer}}$$

**由附加热阻 $R_{Pr}$ 引发的室内蓄热能力降低的计算步骤**

1. 确定附加阻力 $R_{Pr}$

2. 计算 $\beta_2 = \dfrac{R_{Pr}}{R_{Layer}}$

3. 从图表中选取折减系数 $C_{with} / C_{without}$

**示例**

金属穿孔板上铺岩棉的吊顶：
→ 金属板的热阻可以忽略不计
岩棉层：
$d = 5$ cm
$\lambda = 0.04$ W/(m·K)
吊顶空腔层：
$d = 20$ cm
混凝土板：
厚度 20 cm → 相关计算厚度取值：
$d = 10$ cm
$\lambda = 1.8$ W/(m·K)

1. 附加热阻 $R_{Pr}$ (金属板的热阻可以忽略不计)

$$R_{Pr} = \frac{d}{\lambda} + 0.2 = \frac{0.05}{0.04} + 0.2 = 1.45 \text{ m}^2\cdot\text{K/W}$$

2. $R_{Layer} \geqslant \dfrac{d}{\lambda} \geqslant \dfrac{0.1}{1.8} = 0.05$

$$\beta_2 = \frac{R_{Pr}}{R_{Layer}} = \frac{1.45}{0.05} = 29$$

3. 查找混凝土楼板的曲线图
$\beta_2 = 29$，$\beta_1 = 3$ 时，对应曲线上 $C_{with} / C_{without} = 0.12$
因此，动态的蓄热量降至 12%，即减少了 88%。

不加岩棉吊顶
→ 金属板的热阻可以忽略不计
吊顶空腔层：
$d = 20$ cm
混凝土板：
厚度 20 cm → 与计算相关：
$d = 10$ cm
$\lambda = 1.8$ W/(m·K)

1. 附加热阻 $R_{Pr} = R_{hollow\,space} = 0.2$ m²·K/W

2. $\beta_2 = \dfrac{R_{Pr}}{R_{Layer}} = \dfrac{0.2}{0.05} = 4$

3. 查找混凝土楼板的曲线图
$\beta_2 = 4$，$\beta_1 = 3$ 时，对应曲线上 $C_{with} / C_{without} = 0.5$
因此，动态的蓄热量降至 50%，即减少了 50%。

**D** 附加热阻 $R_{Pr}$ [m² · K/W]
折减有效的蓄热能力 $C$

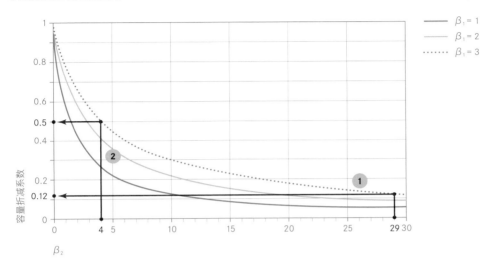

吊顶上方的结构层
木结构楼板: $\beta_1 = 1$
混合结构楼板: $\beta_1 = 2$
混凝土楼板: $\beta_1 = 3$

## 示例

**1** 金属穿孔板吊顶, 板上铺岩棉
**2** 金属穿孔板吊顶, 板上无岩棉层

**非周期激发:**

**E 时间常数 $\tau$ [s]**

时间常数 $\tau$ 是衡量由于气象条件突然变化（如雷雨天等）引发的建筑构件反应时长的物理量。

### "惯性"或"热记忆"

单层材料的时间常数 $\tau$

$$\tau = \frac{d^2}{a \cdot \mu_1^2}\ [s]$$

$$0 \leqslant \mu_1 \leqslant \frac{\pi}{2}$$

和

$$\beta = \frac{R_e}{R}:$$

| $\beta =$ | 0 | 0.05 | 0.5 | 1 | 3 | 10 | |
|---|---|---|---|---|---|---|---|
| $\mu_1 =$ | 1.57 | 1.48 | 1.1 | 0.86 | 0.55 | 0.3 | $\frac{1}{\sqrt{\beta}}$ |

第一近似 $\mu_1 \approx 1$

$$\tau \approx \frac{d^2}{a} = \frac{d^2}{\frac{\lambda}{c \cdot \rho}} = \frac{d}{\lambda} \cdot (d \cdot c \cdot \rho) = R \cdot C\ [s]$$

其中

$R$：热阻

$R_e$：外表面换热阻

$C$：蓄热能力

**F 对突然变化的反应**

$\tau$ 值小：反应快

$\tau$ 值大：反应慢

热扩散率 $a$ 越小，材料的厚度 $d$ 越大

→ 材料层的时间常数 $\tau$ 越大

### 多层构造的时间常数 $\tau$ 的简化近似计算

$\tau = R \cdot C$

$R = \Sigma\ (d_i / \lambda_i),\ C = \Sigma\ (d_i \cdot c_i \cdot \rho_i)$

在 $3\tau$ 以后，该层几乎与周围环境保持平衡，几乎感觉不到天气变化的影响（5% 以内）。

详见 50~51 页"渗透深度"

建筑构件的惯性影响总是对称的：实体构件从冷态转换到暖态需要很长时间，反之亦然。因此，瞬间气候突变几乎无法产生能量增益。

**E 时间常数 τ [s]**

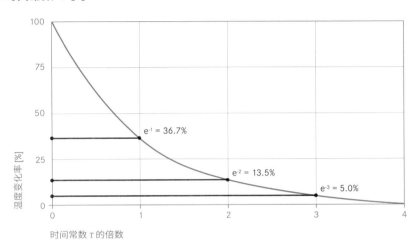

纵轴: 温度变化率 [%]

横轴: 时间常数 τ 的倍数

$e^{-1} = 36.7\%$

$e^{-2} = 13.5\%$

$e^{-3} = 5.0\%$

**F 对突然变化的反应**
**保温砖与保温金属板时间常数 τ 的比较**

| 材料 | 保温砖 | 金属复合板：铝板/岩棉/钢板 |
|---|---|---|
| 材料性能 | | |
| 材料厚度 $d$ [m] | 0.475 | 0.003<br>0.12<br>0.002 |
| 导热系数 $λ$ [W/(m²·K)] | 0.2 | 220<br>0.04<br>55 |
| 比热容 $c$ [J/(kg·K)] | 900 | 900<br>600<br>500 |
| 密度 $ρ$ [kg/m³] | 1,100 | 2,700<br>100<br>7,850 |
| 热阻 $R = Σd/λ$ [m²·K/W] | 2.375 | 3.0 |
| 蓄能能力 $C = Σd \cdot c \cdot ρ$ [kJ/(m²·K)]<br>按面积和温度 | 470.25 | 22.34 |
| 时间常数 $τ = R \cdot C$ [s] | 1,116,844 s<br>= 310 h<br>= 12.9 d | 67,020 s<br>= 18.6 h<br>= 0.8 d |

## ENERGY TRANSFER THROUGH THE OPAQUE BUILDING ENVELOPE
## 通过非透明建筑围护结构的能量传递

**A 稳态效应:**
**温度和太阳辐射**

温差 $\Delta\theta$: 常量 $\neq 0$
热流强度 $q$: 常量 $\neq 0$
热状态: 热流平衡

### 热流强度的平均值 $\bar{q}$ [W]

$$\bar{q} = \left[(\theta_{ai} - \theta_e) - \frac{a \cdot \bar{I}}{h_e}\right] \cdot U \ [W/m^2]$$

热流的方向与 $U$ 值无关

### 热流方向—定义:

$\bar{q} > 0$, 为正
热流方向: 从里向外

$$\bar{q} > 0 : (\theta_{ai} - \theta_e) > \frac{a \cdot \bar{I}}{h_e}$$

$\bar{q} < 0$, 为负
热流方向: 从外向里

$$\bar{q} < 0 : (\theta_{ai} - \theta_e) < \frac{a \cdot \bar{I}}{h_e}$$

其中:
$I$: 太阳辐射强度 [W/m²]
$a$: 外表面吸收系数 [–]
$h_e$: 外表面换热系数 [W/(m²·K)]
$h_i$: 内表面换热系数 [W/(m²·K)]
$\theta_e$: 室外空气温度 [°C]
$\theta_{ai}$: 室内空气温度 [°C]
$U$: 建筑材料的 $U$ 值 [W/(m²·K)]

## A 温度和太阳辐射的稳态效应
## 图表: 热流的传递过程

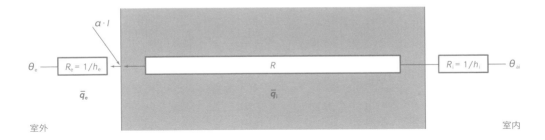

不同材料的吸收率 $\alpha$

| | |
|---|---|
| 带有铝粒状的银光涂料 | 0.10 |
| 白漆 | 0.21 |
| 白涂料 | 0.26 |
| 料铝青铜 | 0.54 |
| 涂棕色或绿色涂料 | 0.79 |
| 黑色涂料 | 0.94 |
| 抛光铜板 | 0.18 |
| 哑光铜板 | 0.64 |
| 生铝面 | 0.63 |
| 新镀的锌板 | 0.64 |
| 旧铅板 | 0.79 |
| 带灰尘的电镀铁 | 0.94 |

| | |
|---|---|
| 混凝土、砂浆 | 大约 0.60 |
| 旧的沥青 | 0.88 |
| 绿色或棕色屋顶油毡 | 0.85~0.90 |
| 新的水泥纤维水泥板 | 0.42 |
| 用了 1 年纤维水泥板 | 0.71 |
| 条石板 | 0.90 |
| 新的或灰色的风化木材 | 0.35 |
| 没做表面处理的屋面瓦 | 0.43 |
| 清水砖墙 | 0.56 |
| 白色瓷砖 | 0.18 |

**非稳态效应:**
**温度透射率 *TT***
**基于辐射的热渗透率 *RHT***

温差 $\Delta\theta$: 变量
热流强度 $q$: 变量

**两个"理想"状态的简单计算**
**极端情况: 恒温和绝热**
这两种状态在现实中并不存在,但不同类型的建筑却有明显不同的特征:

**I 恒温=重型结构**
室内空间有很好的蓄热能力。

通过暖通设备补充到室内的热量,都被室内空间里重型的建筑结构吸收。

**热流强度的最大变化幅度, ~ $\Delta q$**

**内部无温度变化, $\Delta\theta_i = 0$ (恒温)**
→ 与暖通空调的设备设计相关

**II 绝热=轻型结构**
室内空间几乎没有蓄热能力、轻质结构或外墙内保温结构。

所有进来的热量都会聚集起来。

**没有热流进入室内空间, $\Delta q_i = 0$**

**温度变化的最大值趋近, ~ $\Delta\theta$**
→ 最不利的状况与评估舒适度相关

**温度透射率 *TT***
**室外温度变化的影响 Δ*θ*<sub>e</sub>**

| ***TT* I 恒温** | ***TT* II 绝热** |
|---|---|
| $TT\,I = \dfrac{\Delta q_i}{\Delta \theta_e}$ [W/(m²·K)] | $TT\,II = \dfrac{\Delta \theta_{ai}}{\Delta \theta_e}$ [–]（无量纲） |
| "动态 *U* 值" | 温度振幅衰减 $v_T = \dfrac{1}{TT\,II}$ |

**基于辐射的热渗透率 *RHT***
**太阳辐射变化的影响 *α* · Δ*I***

| ***RHT* I 恒温** | ***RHT* II 绝热** |
|---|---|
| $RHT\,I = \dfrac{\Delta q_i}{\alpha \cdot \Delta I}$ [–]（无量纲） | $RHT\,II = \dfrac{\Delta \theta_{ai}}{\alpha \cdot \Delta I}$ [W/(m²·K)] |
| 热流振幅 $v_s = \dfrac{1}{RHT\,I}$ | "动态热阻" |

用复杂矩阵计算多层结构的 *TT* I, *TT* II, *RHT* I 和 *RHT* II 值。
详见附录 241 页表格

www.pinpoint-online.ch

## 非透明建筑构件的总平衡

计算总平衡与环境的气象因素相关，气象因素包括：
太阳辐射、室外和室内温度。

总平衡的计算：
稳态和非稳态效应影响的叠加。

## 稳态 → 平均值

## 非稳态 → 变化值

## I 恒温

最大和最小热流强度

稳态　　　　　　非稳态

$$(q_i)_{max,min} = \underbrace{\left[ (\bar{\theta}_{ai} - \bar{\theta}_e) - \frac{a \cdot \bar{I}}{h_e} \right] \cdot U}_{\text{取决于 } U \text{ 值}} \pm TT\,I \cdot \Delta\theta_e \pm RHT\,I \cdot a \cdot \Delta I \quad [W/m^2]$$

## II 绝热

室温最大值和最小值与 $U$ 值无关

稳态　　　　　　非稳态

$$(\theta_{ai})_{max,min} = \underbrace{\bar{\theta}_e + \frac{a \cdot \bar{I}}{h_e}}_{\text{不取决于 } U \text{ 值}} \pm TT\,II \cdot \Delta\theta_e \pm RHT\,II \cdot a \cdot \Delta I \quad [K]$$

### 重型结构

大多数重型结构的热渗透率都很小（因为大多被重型结构吸收）。

低 $U$ 值的重型结构：
非稳态的太阳辐射透射率和温度透射率对空间的影响可以忽略不计。

周期位移：因为渗透率很低，所以不再需要讨论周期位移。

### 轻型结构

热渗透率要大得多。

低 $U$ 值的轻型结构：
尽管 $U$ 值很低，但太阳辐射和室外温度通过大面积非透明构件的透射率影响仍是有问题的。

周期位移：
周期位移仍然相对较小。使用渗透深度小的构造层和通风的构造有助于显著提高轻型结构的性能。

## 非透明建筑构件的设计策略

太阳辐射和室外温度的动态渗透:

### 1. 确定
室外日平均气温 $\bar{\theta}_e$
室外日温度振幅 $\Delta\theta_e$

### 2. 确定
日太阳辐射平均值 $\bar{I}$
日太阳辐射振幅（表）$\Delta I$

### 3. 从表中取值
温度透射率 $TT\,I$ 和 $TT\,II$
太阳辐射透射率 $RHT\,I$ 和 $RHT\,II$
详见附录表

### 4. 计算最大热通量
热流 > 0, 方向: 从内向外; 热流 <0, 方向: 从外向内

$$(q_i)_{max,min} = \left[(\bar{\theta}_{ai} - \bar{\theta}_e) - \frac{\alpha \cdot \bar{I}}{h_e}\right] \cdot U \pm TT\,I \cdot \Delta\theta_e \pm RHT\,I \cdot \alpha \cdot \Delta I$$

暖通空调设备的设计工作:
弥补最大热流量

→ 采暖和制冷的最大功率需求

### 5. 计算室内最高温度:

$$(\theta_{ai})_{max,min} = \bar{\theta}_e + \frac{\alpha \cdot \bar{I}}{h_e} \pm TT\,II \cdot \Delta\theta_e \pm RHT\,II \cdot \alpha \cdot \Delta I$$

适合的舒适度:
期望的舒适温度的上限和下限

详见 66~69 页示例

## 结构比较－示例

在相同的影响条件下，具有相同 $U$ 值和吸收系数 $\alpha$ 的石灰砖墙和木龙骨构造墙的比较：

$U$ = 0.3 W/(m²·K)
吸收系数 $\alpha$ = 0.5
室内温度 $\theta_i$ = 22 ℃ (恒温)
外表面换热系数 $h_e$ = 10 W/(m²·K)

## 石灰砖墙，外保温

$TT\,I$ = 0.0757; $TT\,II$ = 0.0145; $RHT\,I$ = 0.0076; $RHT\,II$ = 0.0015
详见附录

### 夏季

**I 恒温**

$$(q_i)_{max,min} = \left[(22-22) - \frac{0.5 \times 243}{10}\right] \times 0.3 \pm 0.0757 \times 10 \pm 0.0076 \times 0.5 \times 322 = (-3.65 \pm 1.98)\ \text{W/m}^2$$

即变化范围为 -5.63 W/m² $\leqslant q_i \leqslant$ -1.67 W/m²

$q_i < 0$; 在这种情况下，热流总是向室内的

**II 绝热**

$$(\theta_{ai})_{max,min} = 22 + \frac{0.5 \times 243}{10} \pm 0.0145 \times 10 \pm 0.0015 \times 0.5 \times 322 = 34.2 \pm 0.145 \pm 0.242 = (34.2 \pm 0.387)℃$$

即变化范围为 33.8 ℃ $\leqslant \theta_{ai} \leqslant$ 34.6 ℃

### 冬季

**I 恒温**

$$(q_i)_{max,min} = \left[22-(-5)\right] - \frac{0.5 \times 21.8}{10}\right] \times 0.3 \pm 0.0757 \times 5 \pm 0.0076 \times 0.5 \times 39.1 = (7.77 \pm 0.53)\ \text{W/m}^2$$

即变化范围为 7.24 W/m² $\leqslant q_i \leqslant$ 8.3 W/m²

$q_i > 0$; 在这种情况下，热流总是向室外的

**II 绝热**

$$(\theta_{ai})_{max,min} = -5 + \frac{0.5 \times 21.8}{10} \pm 0.0145 \times 5 \pm 0.0015 \times 0.5 \times 39.1 = (-3.91 \pm 0.10)\ ℃$$

即变化范围为 -4.01 ℃ $\leqslant \theta_{ai} \leqslant$ -3.81 ℃

## 夏季气象条件－示例

平均室外温度: $\bar{\theta}_e$ = 22 °C

温度振幅: $\Delta\theta_e$ = 10 K

最大太阳辐射强度: $I_{max}$ = 600 W/m²

太阳辐射平均值: $\bar{I}$ = 243 W/m²

太阳辐射振幅 (a₁) : $\Delta I$ = 322 W/m²

## 冬季气象条件－示例

平均室外温度: $\bar{\theta}_e$ = -5 °C

温度振幅: $\Delta\theta_e$ = 5 K

最大太阳辐射强度: $I_{max}$ = 100 W/m²

太阳辐射平均值: $\bar{I}$ = 21.8 W/m²

太阳辐射振幅 (a₁) : $\Delta I$ = 39.1 W/m²

## 木结构

*TT* I = 0.2503; *TT* II = 0.153; *RHT* I = 0.025; *RHT* II = 0.0153

详见附录

### 夏季

| |
|---|
| **I 恒温** |
| $(q_i)_{max,min} = \left[(22-22) - \dfrac{0.5 \times 243}{10}\right] \times 0.3 \pm 0.2503 \times 10 \pm 0.025 \times 0.5 \times 322 = (-3.65 \pm 6.53)$ W/m² |
| 即变化范围为 -10.2 W/m² ⩽ $q_i$ ⩽ 2.9 W/m² |
| $q_i$ < 0, 以及 $q_i$ > 0; 在这种情况下, 热流分别是向室内和向室外的 |
| **II 绝热** |
| $(\theta_{ai})_{max,min} = 22 + \dfrac{0.5 \times 243}{10} \pm 0.153 \times 10 \pm 0.0153 \times 0.5 \times 322 = (34.15 \pm 4)$ °C |
| 即变化范围为 30.15 °C ⩽ $\theta_{ai}$ ⩽ 38.15 °C |

### 冬季

| |
|---|
| **I 恒温** |
| $(q_i)_{max,min} = \left[22-(-5)\right] - \dfrac{0.5 \times 21.8}{10} \times 0.3 \pm 0.2503 \times 5 \pm 0.025 \times 0.5 \times 39.1 = (7.77 \pm 1.74)$ W/m² |
| 即变化范围为 6.03 W/m² ⩽ $q_i$ ⩽ 9.51 W/m² |
| $q_i$ > 0; 在这种情况下, 热流总是向室外的 |
| **II 绝热** |
| $(\theta_{ai})_{max,min} = -5 + \dfrac{0.5 \times 21.8}{10} \pm 0.153 \times 5 \pm 0.0153 \times 0.5 \times 39.1 = (-3.91 \pm 1.06)$ °C |
| 即变化范围为 -4.97 °C ⩽ $\theta_{ai}$ ⩽ -2.85 °C |

## 外保温

I 恒温

| 最大热通量<br>*TT* I: 0.0757 [W/(m²·K)]; *RHT* I: 0.0076 [m²·K/W] | 夏季 | 冬季 |
|---|---|---|
| 平均值 [W/m²] | $q_i \leqslant -3.65$ | $q_i \leqslant 7.77$ |
| 振幅 [W/m²] | $\Delta q_i = \pm 1.98$ | $\Delta q_i = \pm 0.53$ |
| 变化范围 [W/m²] | $-5.63 \leqslant q_i \leqslant -1.67$ | $7.24 \leqslant q_i \leqslant 8.3$ |
| 热流方向 | $q_i < 0$ 向内 | $q_i > 0$ 向外 |

II 绝热

| 最大温差<br>*TT* II: 0.0145 [–]; *RHT* II: 0.0015 [m²·K/W] | 夏季 | 冬季 |
|---|---|---|
| 平均值 [°C] | $\theta_i = 34.2$ | $\theta_i = -3.9$ |
| 振幅 [°C] | $\Delta \theta_i = \pm 0.39$ | $\Delta \theta_i = \pm 0.1$ |
| 变化范围 [°C] | $33.8 \leqslant \theta_i \leqslant 34.6$ | $-4.01 \leqslant \theta_i \leqslant -3.81$ |

## 木结构

I 恒温

| 最大热通量<br>$TT$ I: 0.2503 [W/(m²·K)]; $RHT$ I: 0.0250 [m²·K/W] | 夏季 | 冬季 |
|---|---|---|
| 平均值 [W/m²] | $q_i \leqslant$ -3.65 | $q_i \leqslant$ 7.77 |
| 振幅 [W/m²] | $\Delta q_i = \pm 6.53$ | $\Delta q_i = \pm 1.74$ |
| 变化范围 [W/m²] | -10.2 $\leqslant q_i \leqslant$ 2.9 | 6.03 $\leqslant q_i \leqslant$ 9.51 |
| 热流方向 | $q_i <$ 0 室内   $q_i >$ 0 室外 | $q_i >$ 0 室外 |

II 绝热

| 最大温差<br>$TT$ II: 0.1530 [–]; $RHT$ II: 0.0153 [m²·K/W] | 夏季 | 冬季 |
|---|---|---|
| 平均值 [°C] | $\theta_i =$ 34.2 | $\theta_i =$ -3.9 |
| 振幅 [°C] | $\Delta \theta_i = \pm 4.0$ | $\Delta \theta_i = \pm 1.06$ |
| 变化范围 [°C] | 30.15 $\leqslant \theta_i \leqslant$ 38.15 | -4.97 $\leqslant \theta_i \leqslant$ -2.85 |

## 结论

1. 对于重型结构, 热流的平均值是非常重要的; 重型结构对温度振幅影响很小。
2. 轻型结构对温度振幅变化的影响更大。

# TRANSPARENT ELEMENTS
# 透明构件

**A 能量透射**

通过玻璃的总入射辐射 $I_0$ 由反射、吸收和透射组成。

## 辐射透射率 $\tau_E$

$$\tau_E = \frac{I}{I_0} \ [-]$$

总入射辐射 $I_0$ 的部分会以辐射的形式直接进入室内

透射 $I$ 的组成（包括）：
可见光
紫外线和红外辐射

## 二次辐射放热系数 $q_i$

$$q_i = \frac{I_{qi}}{I_0} \ [-]$$

总入射辐射 $I_0$ 的一部分被玻璃吸收，吸收后的部分热能通过较温暖的玻璃内侧传到室内

## 二次放热强度 $I_{qi}$
## 通过以下方式到达室内

红外辐射
对流

玻璃很强的热吸收能力导致较大的二次放热 $I_{qi}$：
增加玻璃面的静压和密封条的应力，都会减少玻璃组合体的寿命。
夏季玻璃表面温度可高达 **40°C**：
→ 靠近玻璃窗就感觉不舒服

## 总太阳能透射率 $g$

$$g = \frac{I+I_{qi}}{I_0} = \tau_E + q_i \ [-]$$

（ $g$：通过辐射渗透层到达房间的能量 $I+I_{qi}$ 与总入射辐射能量强度 $I_0$ 之比）

## $u_g$ 值
$$U_g = 1.5 \rightarrow 0.4 \ [W/(m^2 \cdot K)]$$

建筑围护结构中玻璃面的比例越大，玻璃自身的高度越高，为了节能和舒适，选择的 $U_g$ 值就应越小。$U_g$ 值影响复合玻璃的内表面温度和室内玻璃边界空气层的温度，并引起不舒适的冷风感
详见"室内空间的舒适条件"章节

## 可见光透射率 $\tau_v$
$\tau_v \ [-]$

其表示进入到房间内的可见光的比例，其波长为 380nm ~ 780nm
→ 眼睛对日光的敏感度

考虑到室内的采光质量，可见光透射率不应低于20%：
→ 太阳镜效果
详见"日光"章节

## A 能量传输

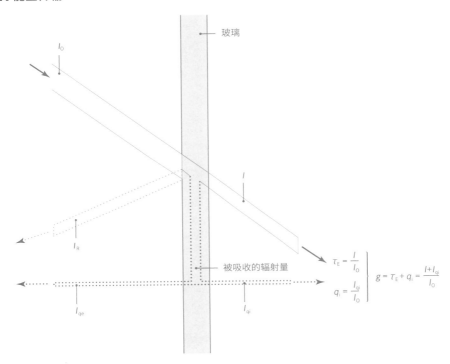

玻璃

$I$

被吸收的辐射量

$\tau_E = \dfrac{I}{I_O}$

$q_i = \dfrac{I_{qi}}{I_O}$

$\left.\begin{array}{l} \end{array}\right\}$ $g = \tau_E + q_i = \dfrac{I + I_{qi}}{I_O}$

$I_O$：总入射辐射（紫外线、可见光、红外线）
$I_R$：辐射反射量
$I_{qe}$：外表面二次辐射放热量
$I_{qi}$：内表面二次辐射放热量
$q_i$：二次辐射放热系数
$I$：辐射透射量
$\tau_E$：辐射透射率
$g$：总太阳能透射率

## B 光谱选择性 $S$

$$S = \frac{\tau_v}{g} \ [-]$$

可见光透射率 $\tau_v$ 与 总太阳能透射率 $g$ 之比。
高选择性，$S > 1$,
→ 说明材料透入更多的可见光而非辐射范围里的
不可见光
→ 可以减少冷负荷

### 显色指数 $R_a$

$R_a$ [–]

量化光透过玻璃的色彩失真程度

透射率取决于波长
→ 影响颜色再现
→ 如果 $R_a > 0.9$，颜色的变化通常人的眼睛察觉不
到。

## B 光谱选择性 *S*

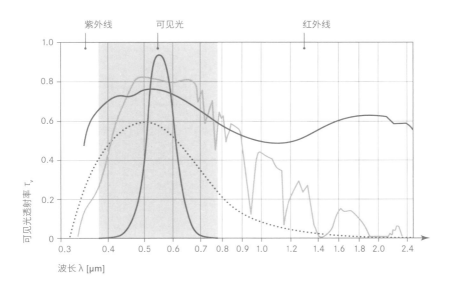

眼睛 ⎱
太阳 ⎰ 相关单位

—— 没做光谱选择的三层玻璃

······ 做光谱选择的 Low‐E 玻璃

## 玻璃的特征值 － 示例（瑞士）

| 玻璃品种 | 厚度 $d$ | 可见光透射率 $\tau_v$ | 总太阳能透射率 $g$ |
|---|---|---|---|
| 单位 | [mm] | [–] | [–] |
| Single glazing | 4~8 | 0.90 | 0.86 |
| Double glazing | 18~22 | 0.82 | 0.77 |
| Triple glazing | 30~32 | 0.76 | 0.69 |
| Silverstar V, double | 20 | 0.74 | 0.57 |
| Silverstar V, triple | 33 | 0.62 | 0.42 |
| Silverstar W, double | 24 | 0.79 | 0.64 |
| Silverstar W, triple | 33 | 0.69 | 0.52 |
| Silverstar Selekt, double | 20 | 0.73 | 0.41 |
| Silverstar Selekt, triple | 29 | 0.60 | 0.35 |
| Combi Neutral 70/40 | 24 | 0.70 | 0.40 |
| Antelio, double | 26 | 0.39 | 0.34 |
| Antelio Climaplus, double | 26 | 0.39 | 0.34 |
| Parsol Climaplus, double | 26 | 0.62 | 0.37 |
| Cool-Lite, double | 26 | 0.43 | 0.39 |
| Climasol 66/38 | 22 | 0.66 | 0.38 |
| Parelio 24+WS | 24 | 0.62 | 0.43 |
| Insulight Sun Bril 66/33 | 28 | 0.66 | 0.33 |
| Insulight Sun Silb 36/22 | 28 | 0.36 | 0.22 |
| Insulight Sun Silb 14/17 | 28 | 0.15 | 0.17 |
| Insulight Therm 2x4OFX | 16 | 0.76 | 0.61 |
| Insulight Therm 3x4OFA | 36 | 0.64 | 0.45 |
| Insulight Therm 3x4OFX | 28 | 0.64 | 0.45 |
| Insulight Suncool Blue | 36 | 0.24 | 0.21 |
| Insulight Suncool Silver | 34 | 0.08 | 0.11 |
| Unisun Silver 19/17 | 28 | 0.19 | 0.19 |
| Unisun Silver 9/9 | 28 | 0.09 | 0.11 |
| Unisun Green 22/16 | 28 | 0.22 | 0.18 |
| Unisun Green 16/13 | 28 | 0.16 | 0.15 |

| 辐射透射率 $\tau_E$ | 二次辐射放热系数 $q_i$ | 光谱选择性 $S$ | $U_g$值 |
|---|---|---|---|
| [–] | [–] | [–] | [ W/(m²·K)] |
| 0.82 | 0.04 | 1.04 | > 5 |
| 0.73 | 0.04 | 1.07 | 2.95 |
| 0.63 | 0.06 | 1.09 | 2.04 |
| 0.47 | 0.10 | 1.30 | 1.00 |
| 0.33 | 0.09 | 1.48 | 0.50 |
| 0.54 | 0.10 | 1.23 | 1.10 |
| 0.42 | 0.10 | 1.33 | 0.70 |
| 0.38 | 0.03 | 1.78 | 0.90 |
| 0.27 | 0.08 | 1.71 | 0.60 |
| 0.35 | 0.05 | 1.75 | 1.30 |
| — | — | 1.15 | 1.20 |
| — | — | 1.15 | 1.10 |
| — | — | 1.68 | 1.20 |
| — | — | 1.10 | 1.40 |
| — | — | 1.74 | 1.30 |
| 0.34 | 0.09 | 1.45 | 1.50 |
| — | — | 2.00 | 1.00 |
| — | — | 1.64 | 1.10 |
| — | — | 0.82 | 1.10 |
| — | — | 1.25 | 0.90 |
| — | — | 1.42 | 0.70 |
| — | — | 1.42 | 0.40 |
| — | — | — | 1.70 |
| — | — | — | 1.60 |
| — | — | — | 1.20 |
| — | — | — | 1.20 |
| — | — | — | 1.20 |
| — | — | — | 1.20 |

注：见制造商说明

## 玻璃的特征值—示例（中国）

| 玻璃品种 | | 可见光透射率$\tau_v$ | 总太阳能透射率$g$ | 遮阳系数 SC | 传热系数 K [W/(m²·K)] |
|---|---|---|---|---|---|
| 透明 | 6mm透明玻璃 | 0.88 | 0.84 | 0.96 | 5.36 |
| 单中空 | 6+12A+6 | 0.79 | 0.73 | 0.84 | 2.66 |
| | 6高透光Low-E+12A+6 | 0.72 | 0.54 | 0.62 | 1.80 |
| | 6中透光Low-E+12A+6 | 0.53 | 0.41 | 0.48 | 1.82 |
| | 6低透光Low-E+12A+6 | 0.42 | 0.32 | 0.37 | 1.79 |
| | 6高透光双银Low-E+12A+6 | 0.67 | 0.42 | 0.48 | 1.67 |
| | 6中透光双银Low-E+12A+6 | 0.55 | 0.30 | 0.35 | 1.67 |
| | 6低透光双银Low-E+12A+6 | 0.41 | 0.23 | 0.27 | 1.69 |
| | 6高透光三银Low-E+12A+6 | 0.63 | 0.34 | 0.39 | 1.63 |
| | 6中透光三银Low-E+12A+6 | 0.49 | 0.25 | 0.29 | 1.66 |
| | 6低透光三银Low-E+12A+6 | 0.42 | 0.22 | 0.25 | 1.65 |
| 单中空充氩气 | 6+12Ar+6 | 0.79 | 0.73 | 0.84 | 2.53 |
| | 6高透光Low-E+12Ar+6 | 0.72 | 0.54 | 0.62 | 1.57 |
| | 6中透光Low-E+12Ar+6 | 0.53 | 0.41 | 0.47 | 1.59 |
| | 6低透光Low-E+12Ar+6 | 0.42 | 0.32 | 0.36 | 1.55 |
| | 6高透光双银Low-E+12Ar+6 | 0.67 | 0.42 | 0.48 | 1.42 |
| | 6中透光双银Low-E+12Ar+6 | 0.55 | 0.30 | 0.34 | 1.42 |
| | 6低透光双银Low-E+12Ar+6 | 0.41 | 0.23 | 0.26 | 1.44 |
| | 6高透光三银Low-E+12Ar+6 | 0.63 | 0.33 | 0.38 | 1.38 |
| | 6中透光三银Low-E+12Ar+6 | 0.49 | 0.24 | 0.28 | 1.40 |
| | 6低透光三银Low-E+12Ar+6 | 0.42 | 0.21 | 0.24 | 1.40 |

| | 玻璃品种 | 可见光透射率 $\tau_V$ | 总太阳能透射率 $g$ | 遮阳系数 $SC$ | 传热系数 $K$ [W/(m²·K)] |
|---|---|---|---|---|---|
| 双中空 | 6+12A+6+12A+6 | 0.71 | 0.65 | 0.75 | 1.76 |
| | 6高透光Low-E+9A+6+9A+6 | 0.64 | 0.49 | 0.56 | 1.49 |
| | 6高透光Low-E+12A+6+12A+6 | 0.64 | 0.49 | 0.56 | 1.33 |
| | 6中透光Low-E+9A+6+9A+6 | 0.48 | 0.37 | 0.43 | 1.50 |
| | 6中透光Low-E+12A+6+12A+6 | 0.48 | 0.37 | 0.43 | 1.34 |
| | 6低透光Low-E+9A+6+9A+6 | 0.37 | 0.29 | 0.34 | 1.48 |
| | 6低透光Low-E+12A+6+12A+6 | 0.37 | 0.29 | 0.33 | 1.32 |
| | 6高透光双银Low-E+9A+6+9A+6 | 0.60 | 0.38 | 0.44 | 1.42 |
| | 6高透光双银Low-E+12A+6+12A+6 | 0.60 | 0.38 | 0.44 | 1.25 |
| | 6中透光双银Low-E+9A+6+9A+6 | 0.49 | 0.28 | 0.32 | 1.42 |
| | 6中透光双银Low-E+12A+6+12A+6 | 0.49 | 0.28 | 0.32 | 1.25 |
| | 6低透光双银Low-E+9A+6+9A+6 | 0.37 | 0.22 | 0.25 | 1.43 |
| | 6低透光双银Low-E+12A+6+12A+6 | 0.37 | 0.21 | 0.24 | 1.27 |
| | 6高透光三银Low-E+9A+6+9A+6 | 0.57 | 0.31 | 0.36 | 1.40 |
| | 6高透光三银Low-E+12A+6+12A+6 | 0.57 | 0.31 | 0.35 | 1.23 |
| | 6中透光三银Low-E+9A+6+9A+6 | 0.44 | 0.23 | 0.26 | 1.42 |
| | 6中透光三银Low-E+12A+6+12A+6 | 0.44 | 0.23 | 0.26 | 1.25 |
| | 6低透光三银Low-E+9A+6+9A+6 | 0.38 | 0.20 | 0.23 | 1.41 |
| | 6低透光三银Low-E+12A+6+12A+6 | 0.38 | 0.20 | 0.23 | 1.24 |
| 双中空充氩气 | 6高透光三银Low-E+9Ar+6+9Ar+6 | 0.57 | 0.31 | 0.35 | 1.16 |
| | 6高透光三银Low-E+12Ar+6+12Ar+6 | 0.57 | 0.30 | 0.35 | 1.04 |
| 双中空双膜充氩气 | 6高透光三银Low-E+12Ar+6+12Ar+6保温膜（#6） | 0.57 | 0.30 | 0.34 | 0.95 |
| 双中空三膜充氩气 | 6高透光三银Low-E+12Ar+6高透光三银Low-E+12Ar+6保温膜（#6） | 0.46 | 0.25 | 0.28 | 0.67 |

注：以上数据来源于中国南玻集团股份有限公司，并根据 Windows6.0 计算所得，详见厂家说明

**C 遮阳**

可调式外遮阳是最有效的
→ 它能阻挡直射辐射和散射辐射

**D 辐射折减系数**

大概的遮阳折减系数是:

外遮阳: 0.2
内遮阳: 0.5

$U_g$ 值越低, 内遮阳折减系数越小, 玻璃透射太阳能越多, 冬季越节能。

**构造原则**

→ 建筑立面的遮阳尽可能向外布置
→ 镀膜的低 $U_g$ 值玻璃, 尽可能布置在温度最不利的一侧

如果使用内遮阳, 遮阳材料反射率越高越好。

## C 遮阳

| 遮阳 | 可调式 | 固定式 |
|---|---|---|
| 外遮阳 | 百叶（活动帘片）<br>卷帘<br>遮阳篷<br>织物遮阳 | 外长廊、阳台、遮阳板等 |
| 玻璃中间的遮阳 | 卷帘<br>箔<br>电致变色遮阳 | 反光玻璃<br>固定薄膜 |
| 内遮阳 | 窗帘<br>活动百叶帘 | |

## D 辐射折减系数

| 玻璃和措施 [1] | | $\tau_V$ | $\tau_E$ | $q_i$ | $g$ |
|---|---|---|---|---|---|
| 2-IV | 透明玻璃<br>高透的外镀膜玻璃<br>高透的内镀膜玻璃 | 0.81<br>0.20~0.40<br>0.30~0.50 | 0.70<br>0.12<br>0.26 | 0.05<br>0.03<br>0.19 | 0.75<br>0.15<br>0.45 |
| 2-IV-IR | Low-E 玻璃<br>高透的 Low-E 玻璃+外镀膜<br>高透的 Low-E 玻璃+内镀膜 | 0.75<br>0.10~0.30<br>0.20~0.40 | 0.45<br>0.08<br>0.20 | 0.17<br>0.04<br>0.27 | 0.62<br>0.12<br>0.47 |
| 2-IV | 反射玻璃 [2] | 0.30~0.50 | 0.20 | 0.06 | 0.26 |
| 3-IV | 透明玻璃<br>高透的 Low-E 玻璃+外百叶遮阳, 浅色<br>高透的 Low-E 玻璃+内百叶遮阳, 浅色 | 0.74<br>0.20~0.40<br>0.30~0.50 | 0.63<br>0.10<br>0.23 | 0.07<br>0.03<br>0.20 | 0.70<br>0.13<br>0.43 |
| 3-IV-IR-IR | Low-E 玻璃（至少 2片 镀膜玻璃）[3]<br>Low-E 玻璃（至少 2片 镀膜玻璃）[4]<br>Low-E 玻璃+外百叶遮阳, 浅色<br>Low-E 玻璃+内百叶遮阳, 浅色 | 0.64<br>0.56<br>0.10~0.30<br>0.20~0.40 | 0.33<br>0.28<br>0.06<br>0.14 | 0.22<br>0.17<br>0.05<br>0.28 | 0.55<br>0.45<br>0.11<br>0.42 |
| 3-IV | 反射玻璃 [2] | 0.20~0.40 | 0.18 | 0.05 | 0.23 |

注: 1) 对于特殊组合的玻璃数据, 必须要求制造商提供,
   不允许通过将不同系统的玻璃数据乘以系数获得。

2) 反射玻璃常规值:双层: $g$ = 0.30; 三层: $g$ = 0.25

3) 双层以上玻璃从外到内的顺序: 透明玻璃–镀膜玻璃–镀膜玻璃

4) 双层以上玻璃从外到内的顺序: 镀膜玻璃–透明玻璃–镀膜玻璃

## 能量平衡 — 示例

### 平衡"进来 = 出去"
$I \cdot g = U \cdot \Delta\theta$

在冬季的时候, 如果估算通过建筑透明构件进入到室内的太阳热能 $I = g \cdot I$。与通过建筑围护结构散失的热能 $U \cdot \Delta\theta$ 相等, 就达到了能量平衡。

### 示例
$U$ 值: 1.0 W/(m²·K)
$g$ 值: 0.6
$\Delta\theta$: 30 ℃ (室外 -10 ℃; 室内 +20 ℃)

$$I = \frac{U}{g} \cdot \Delta\theta = \frac{1}{0.6} \times 30 = 50 \ W/m^2$$

### 能量平衡
如果是肯定的:
→ 入射辐射强度 $I \geqslant 50 \ W/m^2$

这个入射辐射强度等同于乌云密布的天气。
详见 21 页

→ 这种情况下, 每天都有太阳能进来, 让建筑物达到能量平衡。

## 特征值的重要性—示例
### 两种玻璃的比较案例
入射辐射强度 $I_0$ = 600 W/m²
内表面换热系数 $h_i$ = 8 W/(m²·K)

| | 中空玻璃 | 双层 Low-E 玻璃 "**Silverstar W**" 指标 |
|---|---|---|
| $U_g$值 [W/(m²·K)] | 2.95 | 1.1 |
| $g$ 值 [–] | 0.77 | 0.64 |
| $\tau_E$ [–] | 0.73 | 0.54 |
| $q_i$ [–] | 0.04 | 0.1 |
| 太阳能辐射透射强度 $I = \tau_E \cdot I_0$ [W/m²] | 437 | 324 |
| 二次放热强度 $I_q = q_i \cdot I_0$ [W/m²] | 24 | 60 |
| 总太阳能透射强度 $I_{tot} = I + I_q$ [W/m²] | 461 | 384 |
| 玻璃表面与室内空气的温差 $\Delta\theta_{ai} = \dfrac{I_q}{h_i}$ [K] | 3.0 | 7.5 |

关于玻璃，详见 74~77 页

# AIR INFILTRATION
## 新鲜空气供给

### 所需最小换气率
对建筑物和里面的使用者必备的是:

### 新风量
根据情况每人15~30 m³/h,例如吸烟者、非吸烟者

### 空气卫生
供氧

EN 12831

### 控制污染物
例如控制二氧化碳浓度

### A 控制空气湿度
避免结露问题

SIA 180

### 设计最大换气率
与暖通空调设备设计有关

建筑与环境的能量交换,与最大的采暖和制冷功率相关,而最大的采暖和制冷功率在很大程度上取决于设计的最大换气率。

SN EN 12831

### 设定平均换气率
关系到采暖和制冷能耗的计算

SIA 380/1

见稳定传热:
基于空气渗透的对流热损失系数 $F_{Lac}$
详见42页

**A 控制空气湿度**
**可接受的室内最大平均空气湿度**
确定最小的室外空气交换率

| 必须保持最低日平均值: | | | | | | | | | |
|---|---|---|---|---|---|---|---|---|---|
| 室外空气温度 $\theta_e$ [°C] | +20 | +15 | +10 | +5 | 0 | -5 | -10 | -15 | -20 |
| 室内最大含湿量 $\nu_{i,max}$ [g/m³] | 13.5 | 11.9 | 10.5 | 9.3 | 8.2 | 7.3 | 6.5 | 5.8 | 5.2 |
| 室内最大水蒸气分压力 $P_{i,max}$ [Pa] | 1,823 | 1,605 | 1,418 | 1,255 | 1,114 | 988 | 880 | 786 | 703 |
| $\theta_i$ = 20 °C时, 室内最大相对湿度 [%] | 78 | 69 | 61 | 54 | 48 | 42 | 38 | 34 | 30 |
| 室内露点温度 $\theta_{i,D}$ [°C] | 16.0 | 14.1 | 12.2 | 10.3 | 8.6 | 6.8 | 5.1 | 3.5 | 1.9 |

SIA 180, 3.1.3.5

## 所需最小换气率

$\dot{V}_{min,i}$ [m³/h]

满足空气卫生要求和湿度的最低标准:
EN 12831

每人  $\dot{V}_{min,i} \geqslant 15$ [m³/h]

$\dot{V}_{min,i} = n_{min} \cdot V_i$ [m³/h]

其中:

$n_{min}$: 每小时最小换气次数 [h⁻¹]
$V_i$: 使用房间的内部容积 [m³]
EN 12831

或者:

$\dot{V}_{min,i} \geqslant \dfrac{G}{C_{max} - C_e}$ [m³/h]

$\dot{V}_{min,i} \geqslant \dfrac{G}{v_{i,max} - v_e}$  [m³/h]

## B 室内污染物的产量 $G$ [g/h]

$G$: 室内产湿量 [g/h]

## 最大可接受污染物浓度 $C_{max}$ [g/m³]

$v_{i,max}$: 室内允许的最大空气湿度 [g/m³]

## 室外空气污染物浓度 $C_e$ [g/m³]

$v_e$: 室外空气的绝对湿度 [g/m³]

## 最小换气率的计算示例

室外温度:
0 °C → 查表室内最大含湿量 $v_{i,max} \leqslant 8.2$ g/m³

室外湿度*:
80% → 室外含湿量 $v_e = 4.85 \times 0.8 = 3.88$ g/m³
* 详见 115 页 饱和水蒸气分压力表

室内产湿量
例如家务劳动, 查表: $G = 60$~$90$ g/h

$\dot{V}_{min} \geqslant \dfrac{G}{v_{i,max} - v_e}$

$\dot{V}_{min} \geqslant \dfrac{90}{8.2 - 3.88} = \dfrac{90}{4.32} \approx 20.8$ m³/h

房间所需最小空气换气率
房间: 60 m³

60 m³ → $n \geqslant \dfrac{\dot{V}_{min}}{V} \approx \dfrac{20.8}{60} \approx 0.3$/h

**B 室内产湿量 *G* [g/h]**
　　**典型产湿源的产湿量参考取值表**

| 产湿源 | 产湿量 *G* [g/h] |
|---|---|
| 成人，轻度体力劳动 | 30~60 |
| 成人，家务劳动 | 60~90 |
| 成人，重度体力劳动 | 100~200 |
| 烧饭 | 400~800 |
| 洗碗 | 200~400 |
| 淋浴洗澡 | 1,500~3,000 |
| 浴缸泡澡 | 600~1,200 |
| 开放的水面（每 m²） | 30~50 |
| 盆栽植物 | 7~15 |
| 热带榕属植物 | 10~20 |

SIA 180, 3.1.3.3

**B 不同建筑功能室内平均每平米产湿量 *G*' [g/(h · m²)] 参考值**

| 产湿量 | *G*' [g/(h · m²)] | 使用功能 |
|---|---|---|
| 低 | 2 | 居住<br>低密度聚集、较少设备<br>办公室、行政、商店、仓库 |
| 中 | 4 | 居住<br>高密度聚集、多植物、学校、会议室 |
| 高 | 6 | 餐厅、厨房、健身房、医院 |
| 非常高 | > 10 | 洗衣店、湿法生产工艺 |

SIA 180, 3.1.3.4

## 设计最大换气率

### 新鲜空气供给－空气流量 $\dot{V}_{inf,i}$ [m³/h]

空气流量 $\dot{V}_{inf,i}$ 基于风和浮力产生的压差

$$\dot{V}_{inf,i} = 2 \cdot V_i \cdot n_{50} \cdot e_i \cdot \varepsilon_i \ [\text{m}^3/\text{h}]$$

其中：
$V_i$：使用房间的风量 [m³]
$n_{50}$：室内外 50 Pa 压差时空气每小时的换气次数 [h⁻¹]
$e_i$：屏蔽系数 [–]
$\varepsilon_i$：高度修正系数 [–]
2：修正系数 [–]
因为 $n_{50}$ 值与整个建筑物相关

## 空气渗透率 $n_{50}$

| 建筑类型 | $n_{50}$ [h⁻¹] | | |
|---|---|---|---|
| | 建筑围护结构的空气渗漏程度 | | |
| | 无渗漏 | 中度渗漏 | 重度渗漏 |
| 独栋建筑（别墅） | 4 | 7 | 10 |
| 其他建筑 | 2 | 4 | 5 |

## 屏蔽系数 $e_i$ [–]

| 屏蔽等级 | 无外墙的房间 | 有一面外墙的房间 | 有多面外墙的房间 |
|---|---|---|---|
| 无遮挡: 多风场所的建筑、高层建筑 | 0 | 0.03 | 0.05 |
| 中度遮挡: 周围有树木或其他建筑的独立建筑、郊区建筑 | 0 | 0.02 | 0.03 |
| 重度遮挡: 市中心的中高层建筑、森林里的建筑 | 0 | 0.01 | 0.02 |

## 高度修正系数 $\varepsilon_i$ [–]
房间离地的高度

| 离地高度 | $\varepsilon$ |
|---|---|
| 0~10 m | 1.0 |
| 10~20 m | 1.3 |
| 20~30 m | 1.4 |
| 30~40 m | 1.6 |
| 40~50 m | 1.7 |
| 50~60 m | 1.8 |
| 60~80 m | 2.0 |
| > 80 m | 2.2 |

## 设定平均换气率

### 标准额定的换气量 $v_a$ [m³/(h · m²)]

SIA 380/1, 3.5.1.9.1

$$v_a = \frac{\dot{V}}{A_E} \ [\text{m}^3/(\text{h} \cdot \text{m}^2)]$$

$\dot{V}$：室外空气流量 [m³/h]
$A_E$：与能源相关的建筑面积 [m²]

| 建筑类型 | 标准用途 | 标准额定换气量 $v_a$ [m³/(h · m²)] |
|---|---|---|
| I | 普通住宅 | 0.7 |
| II | 别墅 | 0.7 |
| III | 办公 | 0.7 |
| IV | 学校 | 0.7 |
| V | 商场 | 0.7 |
| VI | 餐厅 | 1.2 |
| VII | 会议室 | 1.0 |
| VIII | 医院 | 1.0 |
| IX | 工厂 | 0.7 |
| X | 仓库 | 0.3 |
| XI | 体育馆 | 0.7 |
| XII | 室内泳池 | 0.7 |

这些值包括换气装置引发的换气量，如厨房、浴室和卫生间。

### 换气率 $n$

$$n = \frac{v_a}{h} \ [\text{h}^{-1}]$$

$h$：房间高度 [m]

### 基于空气渗透的对流热损失系数 $F_{Lac}$ [W/K]

$$F_{Lac} = n \cdot V \ \frac{(c \cdot \rho)_{Air}}{3600} \ [\text{W/K}]$$

其中 $(c \cdot \rho)_{Air} = 1200 \ [\text{J/(m}^2 \cdot \text{K)}]$

$n$：设定的平均换气次数
$V$：房间容积
简化为：

$$F_{Lac} \approx \frac{n \cdot V}{3}$$

### 通过设定的平均换气次数来评估热损失功率 $P$ [W]

$$P = F_{Lac} \cdot \Delta\theta$$

### 围护结构气密性的限值和目标值 $V_{a,4,max}$ [m³/(h · m²)]

当 $\Delta p = 4$ Pa 时，换气量 $V_{a,4,max}$ [m³/(h · m²)]

| | $v_{a,4,max}$ [m³/(h · m²)] | |
|---|---|---|
| 类别 | 限值 | 目标值 |
| 新建建筑 | 0.75 | 0.5 |
| 改造建筑 | 1.5 | 1.0 |

SIA 180, 3.1.4.6

$$v_{a,4} = \frac{\dot{V}_4}{A_e} \ [\text{m}^3/(\text{h} \cdot \text{m}^2)]$$

其中：

$\dot{V}_4$：在标况 (101,325 Pa, 0 °C) 4 Pa 压差下的空气流量
$A_e$：外表面面积 [m²]

配备机械通风设备的建筑物必须满足目标值。

## 设计原则

新建建筑

> **供新风**
> 利用开窗通风
> 或
> 舒适的通风（MINERGY）
>
> ---
> **房间尽可能密闭**
> 选择和设计的构造方式，要便于在施工期间进行质量控制检查：
> 关注现场执行情况，
> 所有与空气气密性相关的节点安装，
> 遮阳盒包括升降曲柄连接处的气密性。
>
> 窗框和玻璃的交接处，现场打硅胶密封比预制橡胶条的密封性更好。
> 风压作用下，厚重的窗框比轻薄的、细长的气密性更好。
> 窗框的锚固点应靠近窗角、顶部和底部安装。
> 厨房和卫生间的通风应配有仅在使用时打开的自动通风装置，
> 烟道口应安装止回阀，
> 烟道/壁炉的送风口应配备预热装置。

改造建筑

> 如果换新窗，一定是气密性好的：
> **改善外围护结构的 *U* 值**
> 必须进行检测，以避免由于减少"自然"换气而导致的潮湿/结露问题
> 检查热桥以避免结露
>
> ---
> **供新风**
> 机械舒适通风（MINERGY）
> 或
> 可以开启且可调节风向和风量的窗→需告知用户

## DYNAMIC KEY FIGURES OF A ROOM
# 房间动态关键指标

房间的热力学行为完全由以下三个因素决定:

## 失热因子 $K$ [W/(m²·K)]

$$K' = F_L = \sum_i A_{e_i} \cdot U_{e_i} + n \cdot V \cdot \frac{(c \cdot \rho)_{Air}}{3600}$$

$$\approx \sum_i A_{e_i} \cdot U_{e_i} + \frac{1}{3} \cdot n \cdot V \ [W/K]$$

$F_L$: 综合热损失系数
$A_e$: 外表面面积 [m²]
$U_e$: 外墙材料的U值 [W/(m²·K)]
$n$: 空气渗透换气次数 [h¹]
$V$: 房间容积 [m³]

围护结构的失热因子和围护结构外表面总面积相关

$$K = \frac{K'}{\sum_i A_{e_i}} \ [W/(m^2 \cdot K)]$$

## 总太阳能有效接收面积 $A'_{RR}$[m²]

$$A'_{RR} = \sum_i A_{tr\text{-}i} \cdot g_i$$

$A_{tr\text{-}i}$: 外围护结构总透明构件的面积
$g_i$: 透明构件的总太阳能透射率

## 平均辐射透射率 $G$ [–]

## 辐射影响区域 $A'_{RR}$ 的平均辐射透射率 $G$ 是和建筑外表面总面积 $A_e$ 相关

$$G = \frac{A'_{RR}}{\sum_i A_{e_i}} \ [–] \ 平均辐射透射率$$

## 动态蓄热能力 $C$ [J/(m²·K)]

$$C' = \sum_i A_{i_i} \cdot C_{i_i} \ [J/K]$$

$A_i$: 内表面
$C_i$: 室内构件的蓄热系数

## 房间的动态蓄热能力 $C$ 和围护结构外表面总面积 $A_e$ 相关

$$C = \frac{C'}{\sum A_{e_i}} \ [J/(m^2 \cdot K)]$$

作为24小时内动态蓄热能力的近似计算公式,它很贴近实际。

计算时只需把最外层保温材料 [$\lambda \leqslant 0.1$ W/(m·K)] 以内的构造层纳入计算。

建筑构件蓄热容量的相对比例:
70% 楼板
20% 内墙
10% 外墙

**典型的蓄热能力 *C***
基本建筑类型

| 结构型式 | 材料 | 蓄热能力 *C* [kJ/(m²·K)] |
|---|---|---|
| 轻型结构 | 全木 | 150 |
| 混合结构 | 混凝土楼板，砖墙 | 600 |
| 重型结构 | 全混凝土 | 900 |

**关键因素**

**与房间温度变化有关:**

**失热因子 $K$ [W/(m²·K)]**
详见92页

与建筑所需供暖和制冷的负荷密切相关, 同时影响着建筑能耗的需求。

**得热因子 $\gamma$ [m²·K/W]**

$$\gamma = \frac{G}{K} = \frac{A'_{RR}}{K'} \ [m^2 \cdot K/W]$$

→ 也称"太阳温度校正", 可修正由太阳辐射引起的实际室外温度变化

**时间常数 $\tau$ [s,h]**

$$\tau = \frac{C}{K} = \frac{C'}{K'} \ [s, h]$$

→ 衡量室内热惯性的指标

同等外保温的情况下: 重型结构比轻型结构时间常数 $\tau$ 值大。
同一结构类型: 外保温越好, 时间常数 $\tau$ 值越大。

**室内自然温度 (FRT)**

**室内的气候特征**
室内自然温度 (FRT) 是指在不主动使用任何供暖或制冷设备的情况下室内自然形成的温度。

室内自然温度受室内热源 (比如人、计算机、灯等) 和可变的遮阳装置的影响。

**A 优化室内自然温度**
通过优化措施, 实现太阳能的最佳利用
得热因子 $\gamma$ → 辐射接收面积
和
时间常数 $\tau$ → 热接收能力或热反应性

**得热因子 $\gamma$**
**→ 辐射接收面积**
影响室内自然温度 (FRT) 的日平均值, 也影响室内自然温度 (FRT) 的日温度振幅。

**时间常数 $\tau$**
**→ 热接收能力或热反应性**
它只影响室内自然温度 (FRT) 的日振幅。

**A** **优化室内自然温度**
**让室内自然温度 (*FRT*) 控制在舒适范围内**

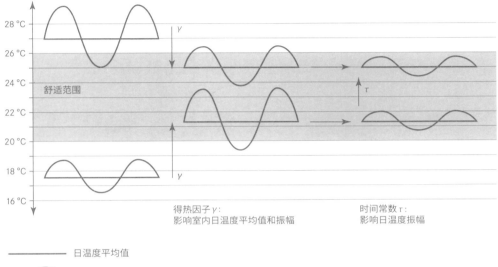

得热因子 γ：
影响室内日温度平均值和振幅

时间常数 τ：
影响日温度振幅

——————　日温度平均值

⌒　日温度振幅

## 优化准则

如上图所示，两个关键参数：
得热因子 **γ** 影响室内日平均温度的高低和每日温度的振幅大小，而时间常数 **τ** 只影响每日自然温度（*FRT*）的振幅大小。因此，最好的设计就是最大限度地让室内自然温度（*FRT*）保持在舒适的范围内，如果做到了就不需要采暖和制冷能耗。

## ENERGY DESIGN GUIDE（EDG）
# 节能设计指南（EDG）

### 在早期设计中建筑围护结构的优化

节能设计指南首先计算最佳数值并以图表形式显示。

曲线和相关的图表可以说明和引导建筑设计选型，指导建筑设计方向，玻璃比例和玻璃参数等都会大大影响节能效果，早期介入可以更有效地实现节能，且实施性价比高。它并不需要具体量化的热工数据。

### 早期节能优化
只需要：
失热因子 $K$
窗墙比例，围护结构的材料基本参数
结构类型
就可以给出早期的节能设计建议和方向

### 优化潜力在 80%~90%
关注这些最相关的因素就可以实现节能优化。
通常不需要更复杂的模拟程序运算。

www.pinpoint-online.ch

## A 适合气象条件的室内优化

1. 尽可能小的失热因子 $K$：
保温性
Low-E 玻璃
建筑气密性

2. 根据建筑物的朝向和气候，优化选择最佳的得热因子 $\gamma$ 和时间常数 $\tau$：
节能设计指南 → 气象表

得热因子 $\gamma$ 和时间常数 $\tau$ 的最佳组合：可以使用室内自然温度（$FRT$）保持在舒适范围 20~26°C 的时间最长，也可以用零能耗小时数表示：
$ZEH$ = 零能耗小时数

3. 特定房间的外窗比例及其玻璃参数也可从参考得热因子 $\gamma$ 的最佳值来选择：
$U_g$ 值: 传热系数
$g$ 值: 总太阳能透射率

详见98~99页 示例

**A** 适合气象条件的室内优化
　　简单步骤

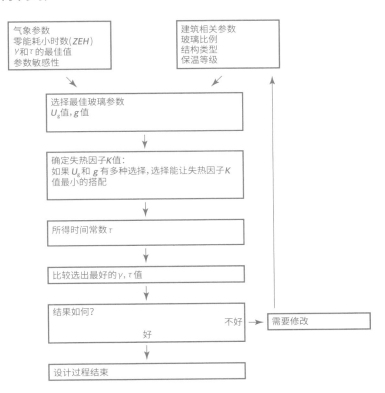

## 节能设计指南—示例

**输入：**

位置: 巴塞尔（Basel），南立面

## 选择得热因子 γ 与时间常数 τ 的最佳组合
## 寻找最多零能耗小时数 (*ZEH*)

输出: 气候图
巴塞尔 (Basel) , 南向, 无内部热源

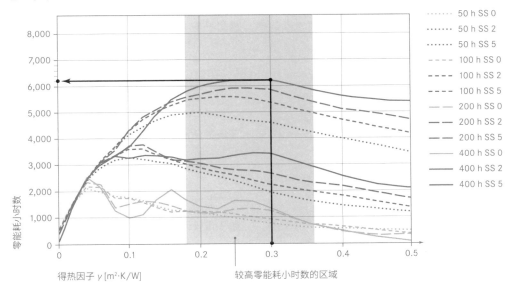

图中不同曲线分别为不同遮阳状态下时间常数 τ 和对应不同得热因子 γ 的零能耗小时数
时间常数 τ: 50 h, 100 h, 200 h, 400 h
遮阳 *SS*: *SS* 0 = 无遮阳, *SS* 2 = 内遮阳, *SS* 5 = 外遮阳

**结论:**
从零能耗小时统计的曲线分布看, 最佳状态可使零能耗小时 *ZEH* 达到 6,200h, 对应的时间常数 τ = 400h,
外遮阳 *SS* = 5 (相当于辐射强度减少到1/5) 的曲线, 该曲线可知此时得热因子 γ = 0.3m²·K/W。

实现最大零能耗小时数对应的最佳值得热因子 γ = 0.3m²·K/W:
1. 最佳范畴可以从 γ = 0.18~0.36m²·K/W 的范围内获得。
2. 通过调整玻璃比例进一步调整γ值。

## SOFT HVAC TECHNOLOGY
# 柔和式暖通空调技术

**A 用于采暖和制冷的主动式建筑构件 (拍子)**

柔和式暖通空调技术更青睐将建筑围护结构设计成最小热工需求的建筑:

供暖负荷 < 20~30 W/m²
制冷负荷 < 40 W/m²
包括允许每日短时间内内负荷达到 75 W/m²

在这种情况下, 同一建筑构件 (拍子) 既可以用于供暖也可以用于制冷:
→ 拍子

### 拍子
盘在混凝土里的环形塑料管组成的构件, 塑料管距离板底最好约 10cm, 最大不超过 15cm。
管直径: 18~25mm
管间距: 30~50cm (根据负荷可作微调)

从混凝土顶板自上而下辐射的传热方式可以让供暖和制冷完美覆盖房间内的所有表面。

### 冬季
由于房间内部边界的空气温度和内表面温度温差很小, 所以非常舒适。

### 夏季
由于温差同样微小, 室内环境舒适性极佳, 而且由于人体头部靠近凉爽的天花板, 因此更加舒适。

### 系统供给温度
系统供水温度应接近或在舒适范围内, 在保持室内 20~26°C 条件下, 如:
供暖: 25~28 °C
制冷: 18~23 °C
制冷时, 空气的露点温度必须低于周围环境的表面温度, 并低于供水温度, 以防止建筑内表面产生冷凝。

详见 "湿度" 章节

### 温差 $\Delta\theta$
供回水之间: 约 2~4K

### 功率 $P$
$P = A_T \cdot v \, (c \cdot \rho)_{H_2O} \cdot \Delta\theta \ [W]$

其中:
$A_T$: 盘管内横截面 [m²]
$v$: 流速 [m/s] (0.1~1.0m/s, 通常为 0.5 m/s)
$(c \cdot \rho)_{H_2O}$: 水的单位体积热容量
$c \cdot \rho = 4182 \times 1000 = 4.18 \times 10^6 \ J/(m^3 \cdot K)$
$\Delta\theta$: 供回水温差 2 K

### 不同的负荷强度
对于超过一面外墙的房间, 如角落房间、顶层等, 可考虑采用两到三种不同的供水温度, 并配备开关和一个公用回水管。在这种温差很小的情况下容易实现。

### 拍子设计示例

### 拍子, 混凝土板
内径 18 mm 的塑料管
盘管内横截面 $A_T = 2.54 \times 10^{-4}$ m²
流速 $v = 0.5$ m/s
温差 $\Delta\theta = 2$ K

### 功率 $P$ [W]
$P = 2.54 \times 10^{-4} \times 0.5 \times 4.18 \times 10^6 \times 2 = 1062$ W

### 供暖
最大供暖负荷为 < 20~30 W/m²,
供暖面积可达 40m²。

### 制冷
最大制冷负荷为 < 40 W/m²,
制冷面积可达 25 m²。

## A 用于采暖和制冷的主动式建筑构件（拍子）

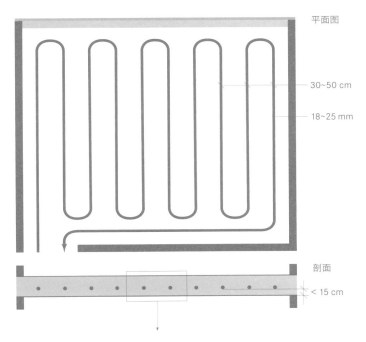

平面图

30~50 cm

18~25 mm

剖面

< 15 cm

### 混凝土板的温度分布（供暖）

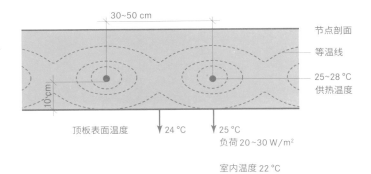

30~50 cm

10 cm

节点剖面

等温线

25~28 °C
供热温度

顶板表面温度    24 °C    25 °C

负荷 20~30 W/m²

室内温度 22 °C

## B 舒适通风
### 置换原理

供给房间的新鲜空气只是为了满足健康的呼吸和舒适要求。因此，与传统空调系统相比，输送的空气量要少得多。

标准功能（如客厅/办公室）的人均需求：
→ 20~30 m³/ (h·P)
换气次数 $n$ = 0.5~1.5 [h⁻¹]

制冷负荷: 无或很小
→ 最大近似值 10 W/m²

对于被动式建筑，它有良好的保温隔热和气密性，新鲜空气供应的风量也可以供室内采暖和制冷，因为所需的负荷非常小。不过，用于供暖的热气流比环境空气温度略高，下送风易使室内空气混合上升，降低了通风效率。换句话说，需要更多的新鲜空气来达到同样的清洁效果。

通常无需进行风量控制（VAV）→ 根据要求打开/关闭即可

### 新鲜空气供给
→ 水平送风
→ 风道布置在混凝土楼板或架空地面里，等等。

→ 出风口均匀分布在楼板面上或外窗下等地方。

所需出风口的截面是根据换气次数和房间高度来设置的。
当房间高度 ≈ 3.0m，换气次数 $n$ ≈ 1.0 h⁻¹时：
→ 送风口面积约为房间面积的 3.3‰~5.5‰。

新风出口速度：
$v \leqslant$ 0.3~0.5 m/s

### 排风
尽可能靠近天花板，沿着走廊，通过洗澡间，卫生间、厨房等集中收集并排出

### 竖向分布
每平方米楼面面积所需的新风或排风管的横截面面积比：

$$\frac{A_{ad}}{A} = \frac{n \cdot h}{3600 \cdot v}$$

$A_{ad}$: 送或排风管横截面面积 [m²]
$A$: 楼面面积 [m²]
$n$: 换气次数 [h⁻¹]
$h$: 房间净高 [m]
$v$: 风速 2~4 m/s

### 舒适通风
### 风道尺寸计算示例

### 房间净高，换气次数
$h$ = 3 m
$n$ = 2 h⁻¹

### 垂直风管占地（送或排其一）
风速 $v$ = 2 m/s 时
面积比 $A_{ad}/A$ = 0.8‰

→ 送风 + 排风
占据楼层面积的 1.6‰

风速 $v$ = 4 m/s 时
面积比 $A_{ad}/A$ = 0.4‰

送风 + 排风
占据楼层面积的 0.8‰

送风和排风，垂直风管所需的空间都很小，因为所需的风量很小。

**B** 舒适通风
基于置换原理

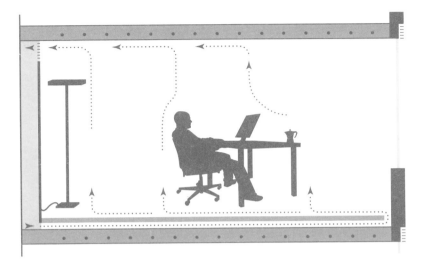

## TERMS OF ENERGY MANAGEMENT
## 能源管理术语

### 术语和关键数据
### 一次能源
直接从自然界获得的能源，如水能、风能、太阳能、原油、天然气、煤炭等。

### 终端能源
用户可以直接使用的能源，如燃油、燃气、区域供热、电力等。

### 可利用能源
加工产生并可以直接利用的能源，如取暖产生的热量、机器的机械工作、照明产生的光等。

### 灰色能源（也称间接能源）
一次能源用于生产终极产品产生的累计能源，如房屋，从材料原始开采、装修到最终废物处理。

### 能耗计算面积 (TEFA)
所有供暖或制冷的建筑总面积都纳入计算区域，包括外墙等。

### A 具体的能源需求 $E$ [kWh/(m² · a)]
建筑的最终年总能耗 (kWh)，和能耗计算面积 (m²)。
最终总耗能：
$$E_{tot} = E_{h+c} + E_{hw} + E_{rest}$$

$E_{h+c}$：采暖和制冷具体的能耗需求
$E_{hw}$：热水的具体能耗需求
$E_{rest}$：所有其他能耗需求

### B 暖通空调系统设备大小的关键数据
根据所需设备的功率强度确定最大供水温度。

### 目标
1. 热负荷 $q_H < 20 \sim 30$ W/m²
2. 冷负荷 $q_C < 20 \sim 40$ W/m²
3. 供水温度

$$\Delta\theta \approx \frac{q_H}{h_i}, \text{取 } h_i \approx 6 \text{ W/(m}^2\text{·K)}$$

$$\Delta\theta \approx \frac{q_C}{h_i}, \text{取 } h_i \approx 8 \sim 10 \text{ W/(m}^2\text{·K)}$$

供暖和制冷的供水温度应尽可能贴近室内温度舒适范围或在舒适范围内。

## A 具体的能源需求 $E$ [kWh/(m²·a)]

以瑞士苏黎世为例

| 建筑类型 | Minergy [kWh/(m²·a)] | Minergy-P [kWh/(m²·a)] | Minergy-A [kWh/(m²·a)] |
|---|---|---|---|
| 普通住宅 | 55 | 50 | 35 |
| 别墅 | 55 | 50 | 35 |
| 办公 | 80 | 75 | 35 |
| 学校、商业等 | 85 | 75 | 40 |

注: 以上数值为建筑本身的能耗, 未考虑任何暖通空调设备的能效比, 如果考虑能耗会进一步降低。

Minergie 是瑞士新建和改造的低能耗建筑的注册质量标识。

Minergie 认证是真正强调以人为本的绿色建筑标准, 以使用者的舒适性为首要目标, 讲求建造与运行的经济性, 而不是高科技产品的堆砌。

Minergie 标识包括三个标准: Minergie®, Minergie-P® 和 Minergie-A®

Minergie® 适用于所有的建筑, Minergie-P® 代表能耗极低的被动式建筑, Minergie-A® 代表产能建筑, Minergie-P® 更倾向于住宅和工业厂房, Minergie-A® 当前只针对新建住宅建筑, 补充标识 ECO 一般只用于新建公共建筑, 而互补标识 MQS 适用于所有的建筑。

## B 暖通空调设备大小的关键数据

瑞士典型的采暖负荷

| | |
|---|---|
| 大多数现有的建筑 | 60~80 W/m² |
| 基于现行标准下的, 保温隔热性能良好建筑 | 40~60 W/m² |
| 基于"Minergy"的建筑 | 15~25 W/m² |
| 基于"Minergy-P"的建筑 | 10 W/m² |

### "柔和式暖通空调"的技术潜力

建筑构件即混凝土"拍子"的热工特性:

| | |
|---|---|
| 负荷稳定每 24 小时 | 高达 40 W/m² |
| 在有限的时间内, 如几个小时 | 高达 75 W/m² |

"Minergy-P"标准: 如果负荷 $q_H$ < 10 W/m²

| | |
|---|---|
| 全置换新风 | 8~10 W/m² |

## 灰色能源－数量级

保温隔热良好的建筑物: 约占使用超过 50 年建筑能耗的 20%。
"Minergy" 标准的建筑: 约占使用超过 50 年建筑能耗的 30%。

| 保温良好的重型建筑 | 灰色能源 |
|---|---|
| 承重结构 | 49% |
| 保温材料、窗、门、密封件 | 17% |
| 暖通空调装置 | 18% |
| 室内装修 | 7% |
| 施工场地 | 9% |
| 总灰色能源 | 100% |

使用 50 年: 100% = 约 21 kWh/(m²·a)

| 保温良好的木结构建筑 | 灰色能源 |
|---|---|
| 承重结构 | 40% |
| 保温材料、窗、门、密封件 | 27% |
| 暖通空调装置 | 20% |
| 室内装修 | 9% |
| 施工场地 | 4% |
| 总灰色能源 | 100% |

使用 50 年: 100% = 约 16 kWh/(m²·a)

材料的灰色能源: 详见附录

## 结论
建筑的构件与运行能耗需求相关，以保温、窗户和暖通空调装置为例：
→ 使用超过 50 年的建筑，列举的材料仅占总灰色能源 20%~30%
→ 使用超过 50 年的建筑，列举的材料仅占建筑总能耗的 5%~7%

## 示例
假设：保温良好的"传统"建筑

| 运行能耗 E | 111 kWh/(m²·a) |
|---|---|
| 灰色能源约 20% | 22 kWh/(m²·a) (50年) |
| 50 年总能耗 | 133 kWh/(m²·a) |
| 25% 用于相关部分 | 6 kWh/(m²·a) |

降低运行能耗的措施
→ 例如相关建筑构件投资翻倍：

| 能源相关部分 | 6+6 kWh/(m²·a) |
|---|---|
| 灰色能源，约 30% | 22+6 kWh/(m²·a) |
| 由此产生的具体的能源需求，约 70% | 56 kWh/(m²·a) |
| 50 年总能耗 | 83 kWh/(m²·a) |

即，在相关建筑构件上额外投资 6 kWh/(m²·a)
→ 在 50 年内可以减少 50 kWh/(m²·a) 的总能源

## PRINCIPLES OF ENERGY-EFFICIENT DESIGN
## 节能设计原理

### 节能设计中最重要的元素

#### 1. 建筑围护结构
降低体型系数（减少外表面积）
非常好的保温隔热
良好的气密性
可调节遮阳

围护结构的不透明部分：
$U$ 值 < 0.3 W/(m²·K), 最好 < 0.2 W/(m²·K) (瑞士)

围护结构的透明部分：
Low-E玻璃，$U_g$值 < 1.2 W/(m²·K)
根据玻璃尺寸选择
详见34~35页"边界层流动"

适应气候条件：
与气候匹配的节能设计可以使用 EDG 软件
(由瑞士苏黎世联邦理工大学建筑物理所开发)

#### 2. 适合的柔和式暖通空调技术
保持空气的洁净度：
置换通风
只有新鲜空气，没有反复循环使用的空气

采暖/制冷：
利用控温的顶棚辐射
→ 即"拍子"
供给温度：
冬季：26℃左右
夏季：20℃左右

供能源给：
通过热泵从环境中获取能量，更能提高能源利用
效率，例如地源、水源、空气源等可再生能源。

# WATER VAPOUR AND HUMIDITY
# 水蒸气和湿度

## 绝对湿度 $v$ [g/m³]
每立方米空气中水蒸气的质量

## 水蒸气分压力 $p$ [Pa]
实际水蒸气分压力 $p \leqslant p_{sat}$

## A 饱和水蒸气分压力 $p_{sat}$ [Pa]
饱和水蒸气分压力,指密闭条件下水的气相与液相
达到平衡,即饱和状态下的水蒸气压力。

不同温度下的饱和水蒸气分压力 $P_{sat}$ 值详见114,115页的附表

## 相对湿度 $\varphi$ [%]
在给定温度下,空气中实际水蒸气分压力 $p$ 与饱和
水蒸气分压力 $p_{sat}$ 之间的百分比:

$$\varphi = \frac{p}{p_{sat}(\theta)} \cdot 100 \ [\%]$$

## 露点温度 $\theta_D$ [°C]
水蒸气凝结的温度,即水蒸气分压力等于饱和水蒸
气分压力时的温度,此时:

$$\varphi(\theta) = 100\% \ or \ p = p_{sat}$$

## 长霉温度 $\theta_M$ [°C]
水蒸气开始产生毛细凝结的温度,即水蒸气分压力
等于 80% 饱和水蒸气分压力时的温度,此时:

$$\varphi(\theta) = 80\% \ or \ p = 0.8 \times p_{sat}$$

## B 水蒸气压力曲线
显示温度与水蒸气分压力 $p$ 以及相对湿度(100%及
40%~80%)之间的关系

## B 水蒸气压力曲线 － 示例

空气温度 $\theta_{Air}$= 20 °C, 相对湿度 $\varphi$= 40% 的室内环境里, 可能产生长霉和结露的温度:

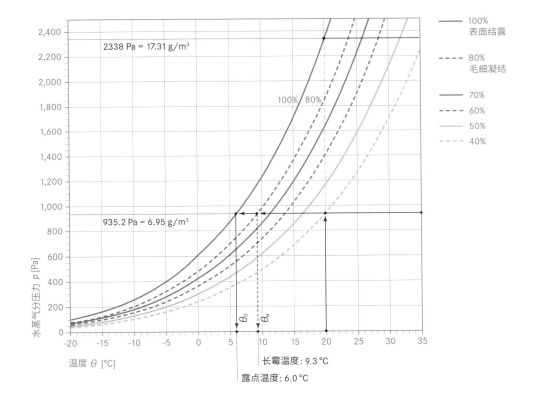

长霉温度: 9.3 °C

露点温度: 6.0 °C

## A 0~35°C 饱和水蒸气分压力 $p_{sat}$ 表

| 饱和空气中的含水量 $v_{sat}$ [g/m³] | | 饱和水蒸气分压力 $P_{sat}$ [Pa = N/m²] 不同温度对应的压力值 | | | | | | | | | |
|---|---|---|---|---|---|---|---|---|---|---|---|
| | | $^1/_{10}$°C | 0.0 | 0.1 | 0.2 | 0.3 | 0.4 | 0.5 | 0.6 | 0.7 | 0.8 | 0.9 |
| [°C] | [g/m³] | [°C] | [Pa] | [Pa] | [Pa] | [Pa] | [Pa] | [Pa] | [Pa] | [Pa] | [Pa] | [Pa] |
| 35 | 39.60 | 35 | 5,624 | 5,654 | 5,685 | 5,717 | 5,749 | 5,781 | 5,813 | 5,845 | 5,877 | 5,909 |
| 34 | 37.58 | 34 | 5,320 | 5,349 | 5,378 | 5,409 | 5,440 | 5,469 | 5,500 | 5,530 | 5,561 | 5,592 |
| 33 | 35.66 | 33 | 5,030 | 5,058 | 5,088 | 5,116 | 5,144 | 5,173 | 5,202 | 5,232 | 5,261 | 5,290 |
| 32 | 33.82 | 32 | 4,754 | 4,782 | 4,808 | 4,836 | 4,864 | 4,890 | 4,918 | 4,946 | 4,974 | 5,002 |
| 31 | 32.07 | 31 | 4,493 | 4,518 | 4,544 | 4,570 | 4,596 | 4,622 | 4,648 | 4,673 | 4,701 | 4,728 |
| 30 | 30.40 | 30 | 4,242 | 4,268 | 4,292 | 4,317 | 4,341 | 4,366 | 4,390 | 4,416 | 4,441 | 4,466 |
| 29 | 28.80 | 29 | 4,005 | 4,029 | 4,052 | 4,076 | 4,100 | 4,122 | 4,146 | 4,170 | 4,194 | 4,218 |
| 28 | 27.27 | 28 | 3,780 | 3,801 | 3,824 | 3,846 | 3,869 | 3,890 | 3,913 | 3,936 | 3,960 | 3,982 |
| 27 | 25.80 | 27 | 3,565 | 3,586 | 3,608 | 3,628 | 3,649 | 3,672 | 3,693 | 3,714 | 3,736 | 3,758 |
| 26 | 24.40 | 26 | 3,361 | 3,381 | 3,401 | 3,421 | 3,441 | 3,461 | 3,482 | 3,502 | 3,523 | 3,544 |
| 25 | 23.07 | 25 | 3,168 | 3,186 | 3,205 | 3,224 | 3,244 | 3,263 | 3,283 | 3,301 | 3,321 | 3,341 |
| 24 | 21.80 | 24 | 2,984 | 3,001 | 3,020 | 3,038 | 3,056 | 3,074 | 3,093 | 3,112 | 3,130 | 3,149 |
| 23 | 20.60 | 23 | 2,809 | 2,826 | 2,842 | 2,860 | 2,877 | 2,894 | 2,913 | 2,930 | 2,948 | 2,965 |
| 22 | 19.45 | 22 | 2,644 | 2,660 | 2,676 | 2,692 | 2,709 | 2,725 | 2,742 | 2,758 | 2,776 | 2,792 |
| 21 | 18.35 | 21 | 2,486 | 2,502 | 2,517 | 2,533 | 2,548 | 2,564 | 2,580 | 2,596 | 2,612 | 2,628 |
| 20 | 17.31 | 20 | 2,338 | 2,352 | 2,366 | 2,381 | 2,395 | 2,410 | 2,426 | 2,441 | 2,456 | 2,472 |
| 19 | 16.33 | 19 | 2,197 | 2,210 | 2,224 | 2,238 | 2,252 | 2,266 | 2,280 | 2,294 | 2,309 | 2,324 |
| 18 | 15.40 | 18 | 2,064 | 2,076 | 2,089 | 2,102 | 2,116 | 2,129 | 2,142 | 2,156 | 2,169 | 2,182 |
| 17 | 14.50 | 17 | 1,937 | 1,949 | 1,961 | 1,974 | 1,986 | 2,000 | 2,013 | 2,025 | 2,037 | 2,050 |
| 16 | 13.65 | 16 | 1,817 | 1,829 | 1,841 | 1,853 | 1,865 | 1,877 | 1,889 | 1,901 | 1,913 | 1,925 |
| 15 | 12.85 | 15 | 1,705 | 1,716 | 1,727 | 1,739 | 1,749 | 1,760 | 1,772 | 1,783 | 1,796 | 1,806 |
| 14 | 12.09 | 14 | 1,598 | 1,608 | 1,619 | 1,629 | 1,640 | 1,651 | 1,661 | 1,672 | 1,683 | 1,694 |
| 13 | 11.37 | 13 | 1,497 | 1,507 | 1,517 | 1,527 | 1,537 | 1,547 | 1,557 | 1,567 | 1,577 | 1,588 |
| 12 | 10.68 | 12 | 1,403 | 1,412 | 1,421 | 1,431 | 1,440 | 1,449 | 1,459 | 1,468 | 1,477 | 1,487 |
| 11 | 10.03 | 11 | 1,312 | 1,321 | 1,330 | 1,339 | 1,348 | 1,357 | 1,366 | 1,375 | 1,384 | 1,393 |
| 10 | 9.41 | 10 | 1,228 | 1,236 | 1,244 | 1,252 | 1,261 | 1,269 | 1,277 | 1,286 | 1,295 | 1,304 |
| 9 | 8.83 | 9 | 1,148 | 1,156 | 1,164 | 1,172 | 1,179 | 1,187 | 1,195 | 1,203 | 1,212 | 1,220 |
| 8 | 8.28 | 8 | 1,072 | 1,080 | 1,087 | 1,095 | 1,102 | 1,109 | 1,117 | 1,125 | 1,132 | 1,140 |
| 7 | 7.76 | 7 | 1,001 | 1,008 | 1,016 | 1,023 | 1,030 | 1,037 | 1,044 | 1,051 | 1,058 | 1,065 |
| 6 | 7.27 | 6 | 935 | 941 | 948 | 955 | 961 | 968 | 975 | 981 | 988 | 995 |
| 5 | 6.80 | 5 | 872 | 879 | 885 | 891 | 897 | 903 | 909 | 916 | 922 | 928 |
| 4 | 6.37 | 4 | 813 | 819 | 825 | 831 | 836 | 842 | 848 | 854 | 860 | 866 |
| 3 | 5.96 | 3 | 757 | 762 | 768 | 774 | 780 | 785 | 791 | 796 | 802 | 808 |
| 2 | 5.57 | 2 | 705 | 710 | 716 | 721 | 727 | 732 | 737 | 742 | 747 | 752 |
| 1 | 5.20 | 1 | 657 | 661 | 666 | 671 | 676 | 681 | 685 | 690 | 695 | 700 |
| 0 | 4.85 | 0 | 611 | 615 | 620 | 624 | 628 | 633 | 637 | 642 | 647 | 652 |

## -20~0°C 饱和水蒸气分压力 $p_{sat}$ 表

| 饱和空气中的含水量 | | 饱和水蒸气分压力 $P_{sat}$ [Pa = N/m²] 不同温度对应的压力值 | | | | | | | | | |
|---|---|---|---|---|---|---|---|---|---|---|---|
| $v_{sat}$ [g/m³] | | $^{1}/_{10}$ °C | 0.0 | 0.1 | 0.2 | 0.3 | 0.4 | 0.5 | 0.6 | 0.7 | 0.8 | 0.9 |
| [°C] | [g/m³] | [°C] | [Pa] | [Pa] | [Pa] | [Pa] | [Pa] | [Pa] | [Pa] | [Pa] | [Pa] | [Pa] |
| 0 | 4.85 | 0 | 611 | 606 | 601 | 596 | 591 | 586 | 581 | 576 | 572 | 567 |
| -1 | 4.49 | -1 | 562 | 557 | 553 | 548 | 544 | 539 | 535 | 530 | 525 | 521 |
| -2 | 4.14 | -2 | 517 | 513 | 508 | 504 | 500 | 496 | 492 | 488 | 484 | 480 |
| -3 | 3.82 | -3 | 476 | 472 | 468 | 464 | 460 | 456 | 452 | 448 | 444 | 440 |
| -4 | 3.52 | -4 | 437 | 433 | 429 | 425 | 422 | 419 | 415 | 412 | 408 | 404 |
| -5 | 3.25 | -5 | 401 | 397 | 394 | 391 | 388 | 384 | 381 | 378 | 375 | 371 |
| -6 | 2.99 | -6 | 368 | 365 | 361 | 358 | 355 | 352 | 349 | 346 | 343 | 340 |
| -7 | 2.75 | -7 | 337 | 334 | 332 | 329 | 326 | 323 | 320 | 317 | 314 | 311 |
| -8 | 2.53 | -8 | 309 | 307 | 304 | 301 | 299 | 296 | 293 | 291 | 288 | 285 |
| -9 | 2.33 | -9 | 283 | 281 | 279 | 276 | 273 | 271 | 269 | 267 | 264 | 262 |
| -10 | 2.14 | -10 | 260 | 257 | 255 | 252 | 250 | 248 | 245 | 243 | 241 | 239 |
| -11 | 1.97 | -11 | 237 | 235 | 233 | 231 | 229 | 227 | 225 | 223 | 221 | 219 |
| -12 | 1.81 | -12 | 217 | 215 | 213 | 211 | 209 | 207 | 205 | 203 | 201 | 199 |
| -13 | 1.66 | -13 | 198 | 196 | 195 | 193 | 191 | 189 | 187 | 185 | 184 | 182 |
| -14 | 1.52 | -14 | 181 | 179 | 177 | 176 | 175 | 173 | 171 | 169 | 168 | 166 |
| -15 | 1.39 | -15 | 165 | 164 | 163 | 161 | 159 | 157 | 156 | 154 | 153 | 152 |
| -16 | 1.27 | -16 | 151 | 149 | 148 | 147 | 145 | 144 | 142 | 141 | 140 | 139 |
| -17 | 1.16 | -17 | 137 | 136 | 135 | 133 | 132 | 131 | 130 | 129 | 127 | 125 |
| -18 | 1.06 | -18 | 124 | 123 | 122 | 121 | 120 | 119 | 117 | 116 | 115 | 114 |
| -19 | 0.97 | -19 | 113 | 112 | 111 | 110 | 109 | 108 | 107 | 105 | 104 | 103 |
| -20 | 0.88 | -20 | 102 | 101 | 100 | 99 | 99 | 98 | 97 | 96 | 95 | 94 |

## 表面结露

室内表面温度 $\theta_{si}$ 等于或低于环境空气的露点温度 $\theta_D$:

$$\theta_{si} \leq \theta_D$$

此时

$$p = p_{sat}(\theta_{si}) \rightarrow \varphi = 100\%$$

## 长霉 − 毛细凝结

当材料表面温度 $\theta_{si} \leq \theta_M$,相对湿度在80%的状态下就已经开始长霉。

此时

$$p \geq 0.8\, p_{sat}(\theta_{si}) \rightarrow \varphi \geq 80\%$$

## 温度依赖性

是否结露或长霉,与房间内的实际最低表面温度 $\theta_{si}$ 有关

## 温度系数 $f_{Rsi}$ [−]

温度系数是材料的物理属性,它表示材料随着温度变化而变化的速率

$$f_{Rsi} = \frac{\theta_{si} - \theta_e}{\theta_i - \theta_e} \approx 1 - R_i \cdot U \text{ [−]}$$

$\theta_e$: 室外温度

$\theta_i$: 室内或房间温度

$\theta_{si}$: 内表面温度

$R_i$: 内表面换热阻

$U$: 材料传热系数

在给定室内外温度的条件下,可以计算内表面温度 $\theta_{si}$

检测表面结露和长霉的风险,应采取严格的限制措施: → 使用安全的材料热阻 $R_i$

## 安全值 $R_{i,sv}$

选择对应的较大的表面换热阻:

$R_i \rightarrow R_{i,sv}$

选择对应较小材料内表面换热系数:

$h_i \rightarrow h_{i,sv}$

门窗安全热阻值:

$R_{i,sv} = 0.15$ [m²·K/W]; $h_{i,sv} = 6.67$ [W/(m²·K)]

房间的上半部分:

$R_{i,sv} = 0.25$ [m²·K/W]; $h_{i,sv} = 4.0$ [W/(m²·K)]

房间的下半部分安全热阻:

$R_{i,sv} = 0.35$ [m²·K/W]; $h_{i,sv} = 2.86$ [W/(m²·K)]

对比:

$U$ 值计算标准

$R_{i,sv} = 0.125$ [m²·K/W]; $h_{i,sv} = 8.0$ [W/(m²·K)]

## 温度系数 $f_{Rsi}$ 限值的计算

假如热桥实际温度系数限制 $f_{Rsi} < 0.75$ 或相对湿度高于常规值,则需校核计算。

## 1. 室外气候条件

测定室外温度和相对湿度

得出外表面结露 $\theta_{e,min}$, $p_{e,min}$

得出外表面长霉 $\theta_{e,min}$, $p_{e,min}$

## 2. 室内气候条件

测定室内温度 $\theta_i$ 和相对湿度下的 $p_i$

蒸汽压力安全附加值:

$$p^+_{i,max} = 1.25\, p_{i,max} - 0.25\, p_e$$

## 3. 确定

可接受的最低内表面温度 $\theta_{si,min} \rightarrow \theta_{si,min}$ = 露点温度 $\theta_D$

表面结露: 达到 $\theta_D$ 和 $p^+_{i,max}$

表面长霉: 小于 $\theta_D$,和大于1.25 $p^+_{i,max}$(或$p^+_{i,max}/0.8$)

## 4. 计算

允许最小温度系数 $f_{Rsi,min}$

$$f_{Rsi,min} = \frac{\theta_{si,min} - \theta_e}{\theta_i - \theta_e}$$

## 5. 校验

是否满足以下条件:

$$f_{Rsi} > f_{Rsi,min}$$

**防潮**

如果建筑构件无热桥且 $U_{max}$ 值 [W/(m²·K)] 满足以下条件，则无需对表面结露/长霉进行计算校核：

| 建筑构件 | $U_{max}$ [W/(m²·K)], 建筑构件对应以下条件的最大 $U$ 值 | | |
|---|---|---|---|
| | 室外气候条件/<br>地下埋深 2 米以内 | 非采暖房间 | 地下埋深 2 米以上 |
| 平（坡）屋顶 | 0.4 | 0.5 | 0.6 |
| 墙体 | 0.4 | 0.6 | 0.6 |
| 门窗 | 2.4 | 2.4 | – |
| 地面 | 0.4 | 0.6 | 0.6 |

如果热桥的温度系数 $f_{Rsi} \geqslant 0.75$，则热桥不需要校核。

**避免长霉/表面结露**
**检验方法**

**水蒸气曲线图**

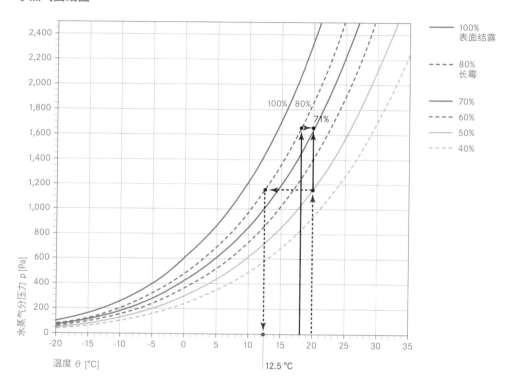

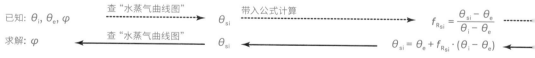

已知: $\theta_i$, $\theta_e$, $\varphi$    查"水蒸气曲线图" → $\theta_{si}$    带入公式计算 → $f_{R_{si}} = \dfrac{\theta_{si} - \theta_e}{\theta_i - \theta_e}$

求解: $\varphi$ ← 查"水蒸气曲线图" $\theta_{si}$ ← $\theta_{si} = \theta_e + f_{R_{si}} \cdot (\theta_i - \theta_e)$

**示例**

可能开始长霉温度

$\theta_i = 20\ ^\circ\text{C}$, $\theta_e = -4\ ^\circ\text{C}$, $\varphi = 50\%$ ┄┄→ $\theta_{si} = 12.5\ ^\circ\text{C}$ ┄┄→ $f_{R_{si}} = \dfrac{12.5 - (-4)}{20 - (-4)} = \dfrac{16.5}{24} = 0.6875$ ┄┄

$\varphi = 71\%$ ← $\theta_{si} = 18.04\ ^\circ\text{C}$ ← $\theta_{si} = -8 + 0.93 \times [20 - (-8)] = 18.04\ ^\circ\text{C}$ ←

**结论: 不会长霉**

## 温度系数曲线图（精确）

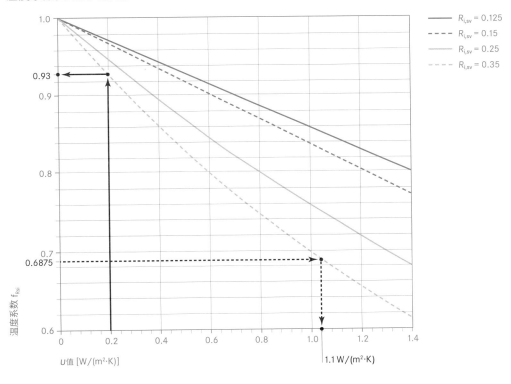

查"温度系数曲线图"    求解: $U$

$f_{Rsi}$   查"温度系数曲线图"   已知: $U$, $\theta_e$, $\theta_i$

带入公式计算   $f_{Rsi}$

$f_{Rsi} = 0.6875$   $U$ 值 = 1.1 W/(m²·K)

$f_{Rsi} = 0.93$   已知: $U = 0.2$ W/(m²·K), $\theta_i = 20$ °C, $\theta_e = -8$ °C

## WATER VAPOUR DIFFUSION
## 水蒸气渗透

空气穿过多孔材料的建筑构件和构造层时，必须
控制水蒸气的渗透，以避免在其内部产生冷凝结
露。

### A 水蒸气渗透系数 $\delta$ [mg/(h · m · Pa)]
与材料有关

空气温度为 20°C 时，它的渗透系数为

$$\delta_a = 0.72 \left[ \frac{mg}{h \cdot m \cdot Pa} \right]$$

20°C 的空气，大气压 945mbar (海拔600米) 的条
件下空气的水蒸气渗透系数是0.72。

### 空气与材料的蒸汽渗透系数比 $\mu$ [–]
$$\mu = \frac{\delta_a}{\delta}$$
它是一个衡量材料蒸汽渗透能力的空气当量值，
不同材料的蒸汽渗透当量值可在附录表中查取。

### B 等效渗透的空气层厚度 s [m]
$$s = \mu \cdot d \text{ [m]}$$

任一材料及厚度具有等效渗透阻力所对应的空气
层厚度。

其中：
$\mu$：空气与材料的蒸汽渗透系数比 [–]
$d$：材料厚度 [m]

## A 静止空气的水蒸气渗透系数 $\delta_a$

| 静止空气的水蒸气渗透系数 $\delta_a$ [mg/(h·m·Pa)] | | |
|---|---|---|
| $\theta$ (°C) | $p$ = 1,013 mbar (海拔0米气压) | $p$ = 945 mbar (海拔600米气压) |
| +30 | 0.695 | 0.745 |
| +20 | 0.677 | 0.720 |
| +10 | 0.658 | 0.705 |
| 0 | 0.639 | 0.685 |
| −10 | 0.620 | 0.655 |
| −20 | 0.600 | 0.644 |

## B 不同材料的等效渗透的空气层厚度 $s$ (20°C 时)

| | 材料厚度 $d$ | 空气与材料的蒸汽渗透系数比 $\mu$ | 等效渗透的空气层厚度 $s$ |
|---|---|---|---|
| 铝箔 | > 25 $\mu$m | — | 防蒸汽, ∞ |
| PVC 膜 | > 0.1 mm | 20,000 | > 2 m |
| 混凝土 | 0.2 m | 100 | 20 m |
| 胶合板 | 0.04 m | 140 | 5.6 m |
| 原木 | 0.07 m | 20 | 1.4 m |
| 瓷砖 | 0.005 m | 300 | 1.5 m |
| 砖 | 0.15 m | 4 | 0.6 m |
| 石膏板 | 0.0125 m | 5 | 0.06 m |
| 室内抹灰 | 0.02 m | 6 | 0.12 m |

## C 结露校验
### 在 Glaser 之后，采用图表工具校验是否结露
（*Glaser，德国计时学家，物理学家。）

比较建筑中的温度分布和水蒸气分压力分布，看
温度分布值是否会干扰水蒸气分压力分布。

在 Glaser 之后
SIA 180/EN ISO 13788

室外：
温度 $\theta_e$
水蒸气分压力 $P_e$

室内：
温度 $\theta_i$
根据室内实际状况查出水蒸气分压力 $P_i$

### 具有高蒸汽渗透阻的保温材料

### 示例 1
构造：
外墙抹灰 0.02 m
聚苯乙烯 0.15 m
砖墙 0.15 m
内墙抹灰 0.01 m

室外:
温度 $\theta_e$ = –10°C
相对湿度 $\varphi$ = 80%

室内:
温度 $\theta_i$ = +20°C
相对湿度 $\varphi$ = 70%

## C 结露校验
### 在 Glaser 之后，采用图表工具校验是否结露

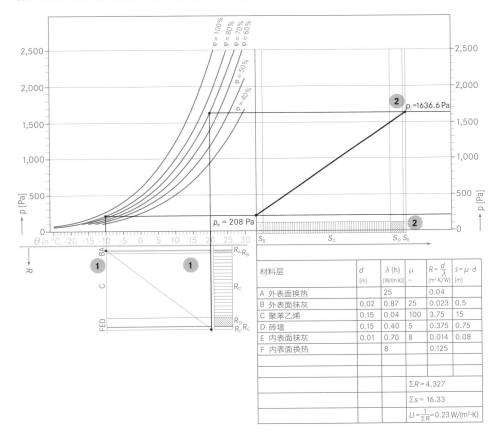

| 材料层 | $d$ [m] | $\lambda$ (h) [W/(m·K)] | $\mu$ — | $R = \dfrac{d}{\lambda}$ [m²·K/W] | $s = \mu \cdot d$ [m] |
|---|---|---|---|---|---|
| A 外表面换热 | | 25 | | 0.04 | |
| B 外表面抹灰 | 0.02 | 0.87 | 25 | 0.023 | 0.5 |
| C 聚苯乙烯 | 0.15 | 0.04 | 100 | 3.75 | 15 |
| D 砖墙 | 0.15 | 0.40 | 5 | 0.375 | 0.75 |
| E 内表面抹灰 | 0.01 | 0.70 | 8 | 0.014 | 0.08 |
| F 内表面换热 | | 8 | | 0.125 | |
| | | | | | |
| | | | | $\Sigma R = 4.327$ | |
| | | | | $\Sigma s = 16.33$ | |
| | | | | $U = \dfrac{1}{\Sigma R} = 0.23\ \text{W/(m}^2\text{·K)}$ | |

**1** 按构造层的热阻大小比例绘制构造层厚度，画对应的室内外温度的垂直连线，将热阻构造图上对应的等温线与温度轴上室内外温度界限的交叉点连接成对角。

**2** 按等效渗透的空气层厚度比例绘渗透当量构造图，然后将室内外水蒸气分压力界限点连接成斜线，斜线与材料边界层交点即为边界层对应的不同水蒸气分压力。

**结露校验**
**在 Glaser 之后，采用图表工具校验是否结露**

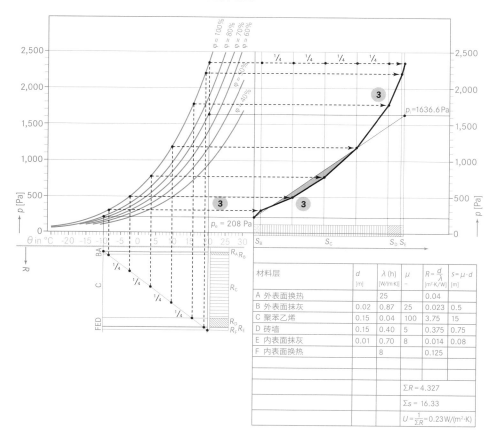

| 材料层 | d<br>[m] | λ (h)<br>[W/(m·K)] | μ<br>– | R = $\frac{d}{\lambda}$<br>[m²·K/W] | s = μ·d<br>[m] |
|---|---|---|---|---|---|
| A 外表面换热 | | 25 | | 0.04 | |
| B 外表面抹灰 | 0.02 | 0.87 | 25 | 0.023 | 0.5 |
| C 聚苯乙烯 | 0.15 | 0.04 | 100 | 3.75 | 15 |
| D 砖墙 | 0.15 | 0.40 | 5 | 0.375 | 0.75 |
| E 内表面抹灰 | 0.01 | 0.70 | 8 | 0.014 | 0.08 |
| F 内表面换热 | | 8 | | 0.125 | |
| | | | | ΣR = 4.327 | |
| | | | | Σs = 16.33 | |
| | | | | $U = \frac{1}{\Sigma R} = 0.23\,W/(m^2 \cdot K)$ | |

**3** 通过 100% 湿度曲线将边界层温度连线到等效渗透的空气层厚度 **s** 的曲线上。交点即为层边界处的
饱和压力。具有较大热阻的保温材料表现出"弯曲"的水蒸气分压力分布曲线。

可以通过在主要材料层的 ¼, ⅛ 等处构造中间点来近似取值。得到的折线近似于实际的水蒸气分压
力曲线。

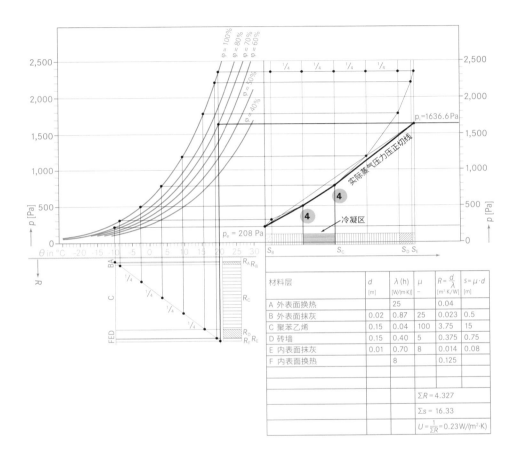

| 材料层 | d [m] | λ (h) [W/(m·K)] | μ − | $R = \frac{d}{\lambda}$ [m²·K/W] | s = μ·d [m] |
|---|---|---|---|---|---|
| A 外表面换热 | | 25 | | 0.04 | |
| B 外表面抹灰 | 0.02 | 0.87 | 25 | 0.023 | 0.5 |
| C 聚苯乙烯 | 0.15 | 0.04 | 100 | 3.75 | 15 |
| D 砖墙 | 0.15 | 0.40 | 5 | 0.375 | 0.75 |
| E 内表面抹灰 | 0.01 | 0.70 | 8 | 0.014 | 0.08 |
| F 内表面换热 | | 8 | | 0.125 | |
| | | | | ΣR = 4.327 | |
| | | | | Σs = 16.33 | |
| | | | | $U = \frac{1}{\Sigma R} = 0.23$ W/(m²·K) | |

④ 饱和水蒸气分压力分布曲线和实际水蒸气压力分布斜线图之间没有交叉
→不产生结露

如果有交叉点 则结露：
分别从室内、外实际水蒸气分压力界限交点起作连接与饱和水蒸气分压力曲线的切线，得到一条实际
水蒸气分压力曲线 拓宽的结露区域（因为无法作出准确的曲线图，因此用折线代替，切线与折线形成
的曲线交叉就形成了一个区域）。

## 低蒸汽渗透阻的保温材料

### 示例 2
构造：
外墙抹灰 0.02 m
砖墙 0.12 m
矿棉（90 kg/m³）0.10 m
砖墙 0.175 m
内抹灰 0.01 m

室外：
温度 $\theta_e$ = –10°C
相对湿度 $\varphi$ = 80%

室内：
温度 $\theta_i$ = +20°C
相对湿度 $\varphi$ = 50%

SIA 180/EN ISO 13788

**结露校验**
**在 Glaser 之后，采用图表工具校验是否结露**

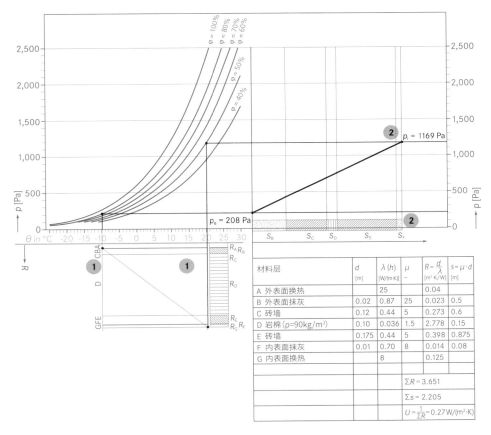

| 材料层 | $d$ [m] | $\lambda(h)$ [W/(m·K)] | $\mu$ – | $R=\frac{d}{\lambda}$ [m²·K/W] | $s=\mu\cdot d$ [m] |
|---|---|---|---|---|---|
| A 外表面换热 | | 25 | | 0.04 | |
| B 外表面抹灰 | 0.02 | 0.87 | 25 | 0.023 | 0.5 |
| C 砖墙 | 0.12 | 0.44 | 5 | 0.273 | 0.6 |
| D 岩棉(ρ=90kg/m³) | 0.10 | 0.036 | 1.5 | 2.778 | 0.15 |
| E 砖墙 | 0.175 | 0.44 | 5 | 0.398 | 0.875 |
| F 内表面抹灰 | 0.01 | 0.70 | 8 | 0.014 | 0.08 |
| G 内表面换热 | | 8 | | 0.125 | |
| | | | | $\Sigma R = 3.651$ | |
| | | | | $\Sigma s = 2.205$ | |
| | | | | $U=\frac{1}{\Sigma R}=0.27$ W/(m²·K) | |

① 按构造层的热阻大小比例绘制构造层厚度，画对应的室内外温度的垂直连线，将热阻构造图上对应的等温线与温度轴上室内外温度界限的交叉点连接成对角。

② 按等效渗透的空气层厚度比例绘渗透当量构造图，然后将室内外水蒸气分压力界限点连接成斜线，斜线与材料边界层交点即为边界层对应的不同水蒸气分压力。

## 结露校验
### 在 Glaser 之后, 采用图表工具校验是否结露

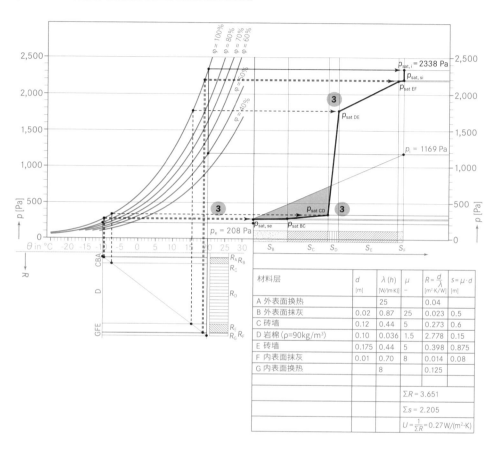

| 材料层 | d<br>[m] | λ (h)<br>[W/(m·K)] | μ<br>– | R = $\frac{d}{\lambda}$<br>[m²·K/W] | s = μ·d<br>[m] |
|---|---|---|---|---|---|
| A 外表面换热 | | 25 | | 0.04 | |
| B 外表面抹灰 | 0.02 | 0.87 | 25 | 0.023 | 0.5 |
| C 砖墙 | 0.12 | 0.44 | 5 | 0.273 | 0.6 |
| D 岩棉 (ρ=90kg/m³) | 0.10 | 0.036 | 1.5 | 2.778 | 0.15 |
| E 砖墙 | 0.175 | 0.44 | 5 | 0.398 | 0.875 |
| F 内表面抹灰 | 0.01 | 0.70 | 8 | 0.014 | 0.08 |
| G 内表面换热 | | 8 | | 0.125 | |
| | | | | | |
| | | | $\Sigma R = 3.651$ | | |
| | | | $\Sigma s = 2.205$ | | |
| | | | $U = \frac{1}{\Sigma R} = 0.27\,W/(m^2 \cdot K)$ | | |

**3** 按热阻比例, 从温度和 100% 湿度曲线的交点处连线至等效渗透的空气层厚度 *s* 的对应点上。交点即为层边界处的饱和压力。

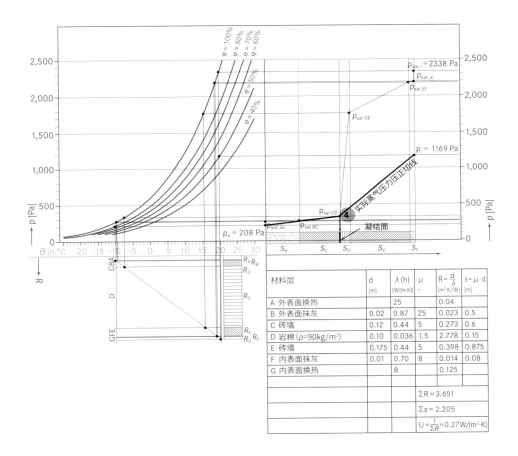

| 材料层 | d [m] | λ (h) [W/(m·K)] | μ – | R = d/λ [m²·K/W] | s = μ·d [m] |
|---|---|---|---|---|---|
| A 外表面换热 | | 25 | | 0.04 | |
| B 外表面抹灰 | 0.02 | 0.87 | 25 | 0.023 | 0.5 |
| C 砖墙 | 0.12 | 0.44 | 5 | 0.273 | 0.6 |
| D 岩棉 (ρ=90kg/m³) | 0.10 | 0.036 | 1.5 | 2.778 | 0.15 |
| E 砖墙 | 0.175 | 0.44 | 5 | 0.398 | 0.875 |
| F 内表面抹灰 | 0.01 | 0.70 | 8 | 0.014 | 0.08 |
| G 内表面换热 | | 8 | | 0.125 | |
| | | | | ΣR = 3.651 | |
| | | | | Σs = 2.205 | |
| | | | | $U = \frac{1}{\Sigma R} = 0.27\,W/(m^2 \cdot K)$ | |

④ 饱和水蒸气分压力分布曲线和实际水蒸气压力分布斜线图之间没有交叉
→ 不产生结露现象

如果有交叉点→ 则结露：
从室内和室外起点作饱和曲线的切线，得到实际水蒸气压力曲线（粗黑线），它和饱和水蒸气分压力分布线只有一个交点→这种情况下，曲线上的"交点"就是产生结露的面，而不是一个区域

**结露水量校验**
**在 Glaser 之后的数值计算**
用于结露和干燥期，被称为"区块气候"的墙体状
况。假设在冬季和夏季有如下持续条件：

冬季：
结露期时长 1,440 h = 60 d（根据气象参数）
室内：$\theta_i$ = +20°C, = 50%
室外：$\theta_e$ = −10°C, = 80%

**结露水量 $g_c$ [g/m²]**

$$g_c = \delta_a \left[ \frac{p_i - p_{sat}}{s_i} - \frac{p_{sat} - p_e}{s_e} \right] \cdot \frac{1440}{1000} \ [g/m^2]$$

其中：
$s_i$ 是从室内表面到结露层的等效渗透的空气层厚
度 [m]
$p_{sat}$ 是指结露截面位置处温度的饱和水蒸气分压
力 [pa]

夏季：
干燥期时长 2,160 h = 90 d（根据气象参数）
室内：$\theta_i$ = 12 °C, $\varphi$ = 70%
室外：$\theta_e$ = 12 °C, $\varphi$ = 70%

**干燥潜能 $g_{ev}$ [g/m²]**

$$g_{ev} = \delta_a \left[ \frac{p_{sat} - p_i}{s_i} + \frac{p_{sat} - p_e}{s_e} \right] \cdot \frac{2160}{1000} \ [g/m^2]$$

其中：
$s_e$ 是从结露层到室外表面的等效渗透的空气层厚
度 [m]
$p_{sat}$ 是指室外温度的饱和水蒸气分压力 [pa]

如果：
干燥潜能 $g_{ev}$ ⩾ 结露水量 $g_c$
→ 建筑构件经过一年的周期会恢复干燥状态。

**示例**
**结露平面 — 详见126~129页的几何示例图形工具**

| 构造层 | | $d$ [m] | $\mu$ [–] | $s = \mu \cdot d$ [m] |
|---|---|---|---|---|
| B | 外表面抹灰 | 0.02 | 25 | 0.5 |
| C | 砖墙 | 0.12 | 5 | 0.6 |
| D | 岩棉 (90 kg/m³) | 0.10 | 1.5 | 0.15 |
| E | 砖墙 | 0.175 | 5 | 0.875 |
| F | 内表面抹灰 | 0.01 | 8 | 0.08 |

$s_e$ = 1.1 m

结露面 –7.0 ℃

$s_i$ = 1.105 m

**结露水量 $g_c$**
冬季从内表面到结露面的结露期时长, 1,440 h = 60 d
室内: $\theta_i$ = +20 ℃, $\varphi$ = 50%
室外: $\theta_e$= –10 ℃, $\varphi$ = 80%
$\delta_a$=0.72
详见121页表格, 海拔 600 米气压时

从水蒸气分压力表得 (详见 114~115 页表格)
$p_i$ = 2338 Pa × 0.5 ; $p_e$ = 260 Pa × 0.8
$p_{sat}$ =337 Pa 在 –7.0 ℃ 的结露界面处

$$g_c = \delta_a \left[ \frac{p_i - p_{sat}}{s_i} - \frac{p_{sat} - p_e}{s_e} \right] \cdot \frac{1440}{1000} \ [g/m^2] = 0.72 \left[ \frac{2338 \times 0.5 - 337}{1.105} - \frac{337 - 260 \times 0.8}{1.1} \right] \times \frac{1440}{1000}$$

$$= 659.1 \ [g/m^2]$$

**干燥潜能 $g_{ev}$**
夏季从结露面到外表面的干燥期时长, 2,160 h = 90 d
室内: $\theta_i$ = 12 ℃, $\varphi$ = 70%
室外: $\theta_e$ = 12 ℃, $\varphi$ = 70%
$\delta_a$=0.66
详见 121 页表格, 海拔 600 米气压时

从水蒸气分压力表得 (详见 114~115 页表格)
$p_i$ = 1403 Pa × 0.7 ; $p_e$ = 1403 Pa × 0.7
$p_{sat}$ = 1403 Pa 在 12 ℃ 时的饱和水蒸气分压力

$$g_{ev} = \delta_a \left[ \frac{p_{sat} - p_i}{s_i} + \frac{p_{sat} - p_e}{s_e} \right] \cdot \frac{2160}{1000} \ [g/m^2] = 0.708 \left[ \frac{1403 - 1403 \times 0.7}{1.105} + \frac{1403 - 1403 \times 0.7}{1.1} \right] \times \frac{2160}{1000}$$

$$= 1167.7 \ [g/m^2]$$

干燥潜能 $g_{ev}$ ≥结露量 $g_c$
→ 建筑构件经过一年的周期又变干

## DESIGN PRINCIPLES FOR CONSTRUCTION
## 建筑构造设计原理

### 构造层的基本顺序
### 高渗透阻
蒸汽渗透阻较大的材料总是布置在构造层温度较高的一侧
→ 可以尽快降低较冷侧的水蒸气分压力

### 高热阻
高热阻材料总是布置在围护结构外侧
→ 尽可能保护建筑内部不受室外不利气候条件的影响

### 基本目标:
选择建筑构造层以没有霉菌生长或结露为目标

### 结露量/干燥周期
如果不可能搭建没有结露风险的构造, 则可以使用 Glaser 方法来检测已产生的冷凝液是否会在干燥期内让建筑构件恢复干燥。
如果能再干燥: → 可行

在关键情况下, 建议使用模拟软件 (如 WUFI、DELPHIN)

### A 损坏的限度
以结露期间产生的结露量来限定损坏程度。

**A 损坏限度**

可接受的最大结露量

| 材料 | 结露量 |
|---|---|
| 保温材料 | < 体积的 1% |
| 实木及木材材料 | < 质量的 3% |
| 具有毛细功能的多孔材料 | < 0.8 kg/m² |

SIA 180, 6.3.2.4

## SOUND DIMENSION
# 声场

声场是指媒质中有声波存在的区域。描述声场的物理量有声压、声强、声速、波长及频率等。

## A 听频范围

### 空气中人耳可以听到的声音频率范围：

从 20 Hz 到 20 kHz

### 空气中人耳可以听到的声音波长范围：

从 1.7 cm 到 17 m

### 空气中人耳可以听到的声强范围：

从 $10^{-12}$ W/m² 到 1 W/m²

### 超声波

其频率高于人耳可听范围

### 次声波

其频率低于人耳可听范围

### 声速

声音在常见媒质中的传播速度：

空气：温度为 0°C 时，332 m/s
　　　温度为 15°C 时，341 m/s
水：1,480 m/s
混凝土：3,500~4,000 m/s
钢材：4,800~5,000 m/s
木材：3,500~5,000 m/s
玻璃：5,100~5,500 m/s

## B 声级 L [dB]

声压为 $p_o$ 的声波，其声级计算公式：

$$L = 10 \lg\left(\frac{I}{I_{ref}}\right) = 20 \lg\left(\frac{p_o}{p_{ref}}\right) [dB]$$

其中：

基准声强 $I_{ref} = 10^{-12}$ W/m² 为人耳感知最小声强
基准声压 $p_{ref} = 2 \cdot 10^{-5}$ Pa 为人耳感知的最小声压

### 从以上公式我们可以看出声级 L 增加的基本规律：

声强 I 增加一倍，声级 L 增加 3dB

声压 P 增加一倍，声级 L 增加 6dB

## A 听频范围

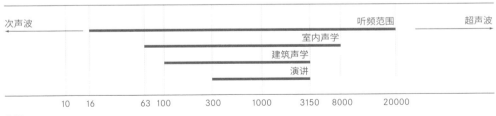

次声波　　　　　　　　　　　　　　　　　　　　　听频范围　　　　　超声波

室内声学

建筑声学

演讲

10　16　　　63　100　　　300　　　1000　　　3150　8000　　　20000

音频 *f* [Hz]

## B 不同噪音的声级 *L*、声压 *p* 和声强 *I*

| 声源 | 距离 [m] | 听觉感受 | 声级 *L* [dB] | 声压 *p* [Pa] | 声强 *I* [W/m²] |
|---|---|---|---|---|---|
| 螺旋桨飞机 | 5 | 无法忍受的 | 130 | 63 | 10 |
| 气锤 | 1 | 无法忍受的 | 120 | 20 | 1 |
| 锅炉车间 | — | 无法忍受的 | 110 | 6.3 | $100 \times 10^{-3}$ |
| 汽车喇叭、电喇叭 | 5 | 很吵 | 100 | 2 | $10 \times 10^{-3}$ |
| 行驶的卡车 | 5 | 很吵 | 90 | $630 \times 10^{-3}$ | $1 \times 10^{-3}$ |
| 音量很大的的广播音乐 | — | 很吵 | 80 | $200 \times 10^{-3}$ | $100 \times 10^{-6}$ |
| 交际 | 1 | 吵 | 70 | $63 \times 10^{-3}$ | $10 \times 10^{-6}$ |
| 行驶的小汽车 | 10 | 吵 | 60 | $20 \times 10^{-3}$ | $1 \times 10^{-6}$ |
| 静静的溪流 | — | 声音小 | 50 | $6 \times 10^{-3}$ | $100 \times 10^{-9}$ |
| 没有车辆通行的居住区 | — | 声音小 | 40 | $2 \times 10^{-3}$ | $10 \times 10^{-9}$ |
| 安静的花园 | — | 声音很小 | 30 | $630 \times 10^{-6}$ | $1 \times 10^{-9}$ |
| 怀表 | — | 声音很小 | 20 | $200 \times 10^{-6}$ | $100 \times 10^{-12}$ |
| 极细微的/察觉不到的 | — | 无声 | 10 | $63 \times 10^{-6}$ | $10 \times 10^{-12}$ |
| 绝对安静 | — | 无声 | 0 | $20 \times 10^{-6}$ | $1 \times 10^{-12}$ |

# SPREAD OF SOUND
# 声音的传播

## 交通噪音发声分级

### A 小型轿车

根据交通密度（即每小时通过的小汽车数量）和汽车速度，来确定距街道中心 25m 处汽车交通的等效连续噪声级

### B 卡车

根据交通密度（即每小时通过的卡车数量）和卡车速度，来确定距街道中心 25m 处卡车交通的等效连续噪声级

在这两种情况下，参数速度均以 km/h 表示。

**A** 小型轿车

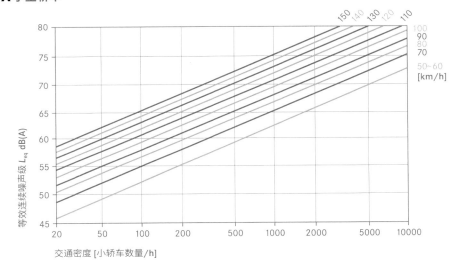

**B** 卡车, 货运汽车

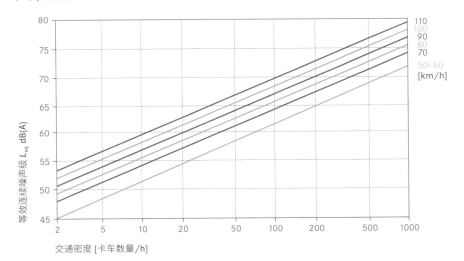

**瑞士和欧盟噪声防护规范**
**室外允许噪声级制**

噪声控制条例（NAO）814.41; 2006 年版

欧盟指令 2002/49/EC, 25.6.2002

| | 设计值 $L_r$ [dB(A)] | | 最大允许值 $L_r$ [dB(A)] | | 预警值 $L_r$ [dB(A)] | |
|---|---|---|---|---|---|---|
| 灵敏度等级 | 白天 | 晚上 | 白天 | 晚上 | 白天 | 晚上 |
| I 疗养区 | 50 | 40 | 55 | 45 | 65 | 60 |
| II 居住区 | 55 | 45 | 60 | 50 | 70 | 65 |
| III 商住区 | 60 | 50 | 65 | 55 | 70 | 65 |
| IV 工业区 | 65 | 55 | 70 | 60 | 75 | 70 |

**执行要求**

| | 设计值 | 最大允许值 | 预警值 |
|---|---|---|---|
| 新型噪声排放产业 | → 遵守 | | |
| 现有行业的相关变化 | → | → 不允许 | |
| → 现有产业必须加以整治 | ← | 如果超过 | |
| → 有必要采取噪声保护措施，须予以补偿 | ← | ← | 只有在公共需要或特许的行业才能超过 |

## 中国各类声功能区环境噪声限制规范 [dB(A)]

中国国家标准《声环境质量标准》GB3096-2008

| 类别 | 适用区域 | 白天<br>(6:00~22:00) | 夜间<br>(22:00~6:00) |
|------|---------|---------|---------|
| 0 | 康复医疗等特别需要安静的区域 | 50 | 40 |
| 1 | 居民住宅、医疗卫生、文化教育、科研设计、行政办公为主要功能，需要保持安静的区域 | 55 | 45 |
| 2 | 商业金融、集市贸易为主要功能，或居住、商业、工业混杂，需要维护住宅安静的区域 | 60 | 50 |
| 3 | 工业生产、仓储物流为主要功能，需要防止工业噪声对周围环境产生严重影响的区域 | 65 | 55 |
| 4a | 高速公路、一级公路、二级公路、城市快速路、城市主干路、城市次干路、城市轨道交通（地面段）、内河航道两侧区域 | 70 | 55 |
| 4b | 铁路干线两侧 | 70 | 60 |

**噪声源与距离**
**噪声级 L(r) 与声源距离 r 的函数关系**

|  | 点声源 | 线声源 |
|---|---|---|
| 自由声场, 开敞空间 | $L(r) = L_0 - 20 \cdot \lg (r) -11$ dB | |
| 半自由声场, 如平坦地面上的开敞空间 | $L(r) = L_0 - 20 \cdot \lg (r) -8$ dB | $L(r) = L_0 - 10 \cdot \lg (r) -5$ dB |
| 1/4 声场, 如房子或堤坝前 | $L(r) = L_0 - 20 \cdot \lg (r) -5$ dB | $L(r) = L_0 - 10 \cdot \lg (r) -2$ dB |
| 1/8 声场, 如角落里 | $L(r) = L_0 - 20 \cdot \lg (r) -2$ dB | |
| 距离加倍 | $-6$ dB [6 dB = 20 $\cdot$ lg (2)] | $-3$ dB [3 dB = 10 $\cdot$ lg (2)] |

C

$L_0$ = 距离声源1米处的声级=声强级

**注:**
自由声场:
声源在均匀各向同性的媒质中, 边界影响可以不计时的声场称为
自由声场。在自由声场中, 声波按声源的辐射特性向各个方向不受
阻碍和干扰地传播。

半自由声场:
在宽阔的广场上空, 或者室内有一个面是全反射面, 其余各面都是
全吸声面, 这样的空间称半自由声场。

1/4 声场与 1/8 声场以此类推。

点声源位置

| A | 整个自由空间 |
| B | 半个自由空间 |
| C | 1/4 自由空间 |
| D | 1/8 自由空间 |

**注:**
$\lg (u \cdot v) = \lg u + \lg v$

$\lg \left( \dfrac{u}{v} \right) = \lg u - \lg v$

$\lg \left( \dfrac{1}{v} \right) = - \lg v$

$\lg (u^r) = r \cdot \lg u$

$x = 10^{\lg x}$

**注:**
应将车辆频繁通行的道路视为线声源来考虑, 当增加与噪声源的距离时, 降噪不明显, 见本页表中的"距离加倍"一栏。

## C 半自由声场中声级的衰减 $\Delta L$

已知：

噪声源

第一个测量点声级 $L_1$，距声源的距离为 $r_1$

新的测量点声级 $L_2$，距噪声源的距离 $r_2$

**点声源的声级衰减值：** $\Delta L = L_1 - L_2 = 20 \cdot \lg \left( \dfrac{r_2}{r_1} \right)$

**线声源的声级衰减值：** $\Delta L = 10 \cdot \lg \left( \dfrac{r_2}{r_1} \right)$

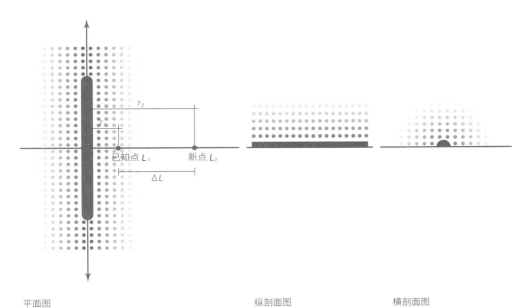

平面图　　　　　　　　　　　　　纵剖面图　　　　　　　横剖面图

**D 屏障的影响**

**噪声级的衰减 $\Delta L$ [dB]**

**在建筑物后面: $D_z$**

$\Delta L = D_z = 10 \cdot \lg (3 + 6 \cdot 10^{-2} \cdot f \cdot z)$ [dB]

$D_z$ = 降噪声强级 [dB]

$f$ = 噪声频率 [Hz]

$z$ = 屏蔽防护距离 [m]

其中:

$z \approx \dfrac{h_{eff}^{2}}{2} \cdot \left( \dfrac{1}{S_Q} + \dfrac{1}{S_I} \right)$ [m]

**在建筑物后边**

$\Delta L = -15 \sim -25\,\text{dB}$

**在建筑物的侧面**

$\Delta L = -5 \sim -10\,\text{dB}$

**空气吸声降噪**

每隔 100 米的衰减值 $\Delta L = -0.5\,\text{dB}$

**植被,绿化**

在 20~200 米范围内,每隔 1 米的衰减值 $\Delta L = -0.05$ dB

**噪声防护墙、噪声防护堤**

详见 146~153 页图表

**D** 屏障的影响
噪声级的衰减 Δ*L* [dB]
在建筑物后面

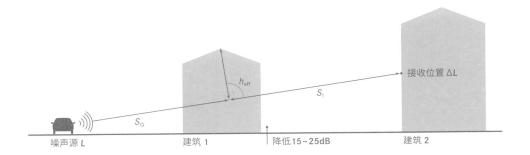

噪声源 *L*　　　　建筑 1　　　降低15~25dB　　　建筑 2

**E** 噪声防护堤
降低双车道交通噪声

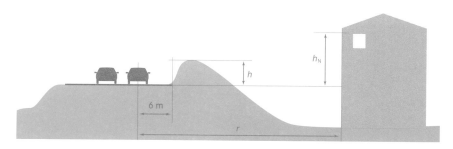

通过噪声防护堤降低双车道的等效连续噪声级。
曲线上标注的数字为噪声防护堤的高度 $h$ [m]

**E 噪声防护堤**
**降低双车道交通噪声**

*r* = 25 m

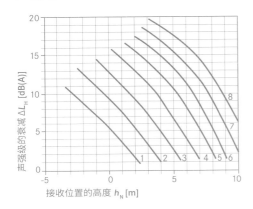

*r* = 50 m

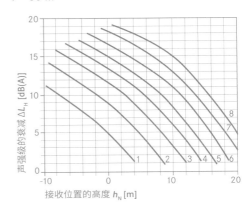

*r* = 100 m

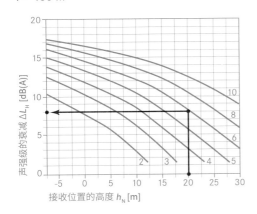

*r* = 200 m

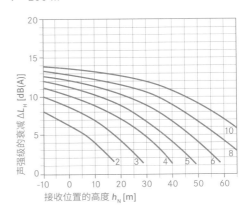

**F** **噪声防护堤**
   **降低四车道交通噪声**

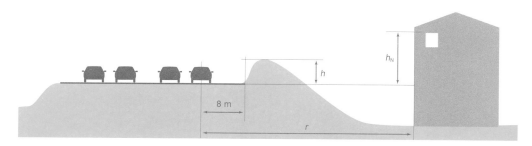

通过噪声防护堤降低四车道的等效连续噪声级。
曲线上标注的数字为噪声防护堤的高度 h [m]

**F 噪声防护堤**
**降低四车道交通噪声**

$r = 25$ m

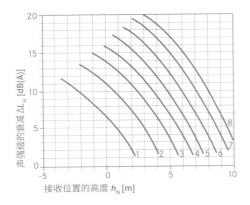

$r = 50$ m

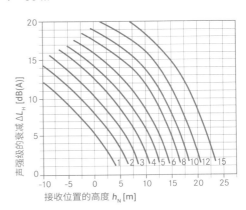

$r = 100$ m

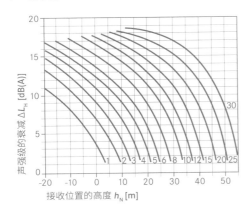

$r = 200$ m

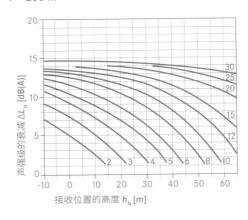

## G 噪声防护墙
### 降低双车道交通噪声

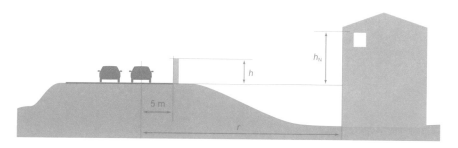

通过噪声防护墙降低双车道的等效连续噪声级。
曲线标注的数字为噪声防护墙的高度 $h$ [m]

**G** 噪声防护墙
**降低双车道交通噪声**

r = 25 m

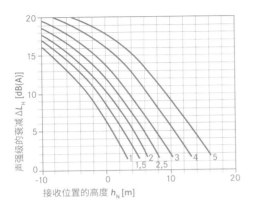

r = 50 m

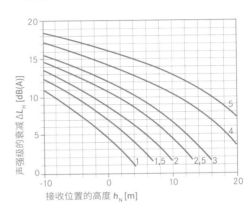

r = 100 m

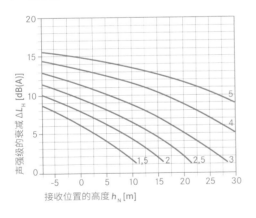

r = 200 m

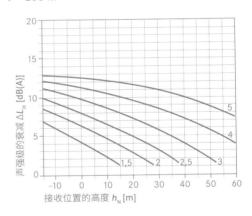

**H 噪声防护墙**
　　**降低四车道交通噪声**

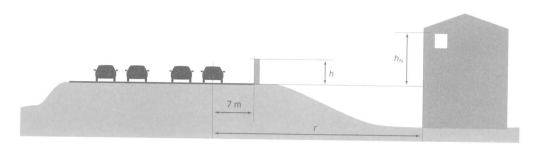

通过噪声防护墙降低四车道的等效连续噪声级。
曲线标注的数字为噪声防护墙的高度 *h* [m]

## H 噪声防护墙
### 降低四车道交通噪声

*r* = 25 m

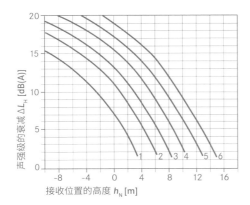

*r* = 50 m

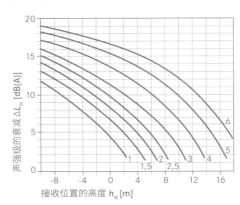

*r* = 100 m

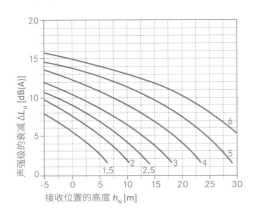

*r* = 200 m

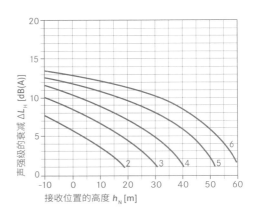

**降低道路标高**
**交通噪声的降低取决于道路下沉深度**

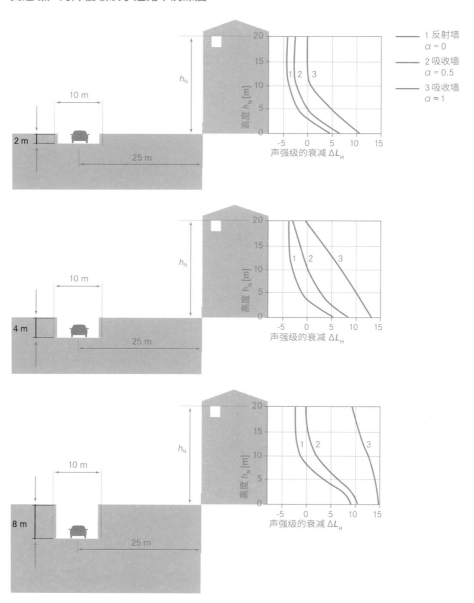

# AIRBORNE AND IMPACT SOUND
# 空气声和撞击声

## 空气声: 经过空气向四周传播的声音。

标准噪声级的衰减差值越大, 建筑构件隔绝空气声的效果越好。该指标可以体现建筑构件对"噪声过滤"的程度。

## 撞击声: 在建筑结构上撞击而引起的噪声。

标准规定的最大撞击噪声级越小, 对撞击声的防护要求就越高。该指标可以体现接收室里的"噪声污染度"。

## 确定噪声防护等级
## 隔绝空气声
SIA 181

**A** 1. 确定接收对象的噪声灵敏度等级
$L_{RL}$ = 要求的等级: 低 — 中 — 高

**B** 2. 确定噪声来源地的噪声等级
$L_{NL}$ = 噪声等级 = $L_r$

$L_r$ 详见 158 页表格

**C** 3. 根据不同噪声等级, 查规范要求的隔声量 $D_i$ 或 $D_e$
$D_{e,i} = L_{NL} - L_{RL}$

4. 计算接收室的容积 $V$ 和隔声屏障表面积 $S$

**D** 5. 从后续列线图中确定必要的噪声级修正值 $\Delta L_{AS}$
或通过公式计算:

$$\Delta L_{AS} = 10 \lg \left( \frac{V}{S} \right) - 4.9 \text{ dB}$$

**E** 查表空气声和撞击声相关的容积修正值 $C_V$

## 6. 修正所需的噪声保护措施 $R'_w$
$R'_w + C \geq D_{e,i} - \Delta L_{AS} + C_V$
$R'_w + C$: 具体取决于建筑构件

7. 内外噪声的频谱修正量 $C$ 和 $C_{tr}$
$C$ : 内部噪声的频谱修正量:
$R'_w + C \geq D_i - \Delta L_{AS} + C_V$
$C_{tr}$ : 外部噪声的频谱修正量:
$R'_w + C_{tr} \geq D_e - \Delta L_{AS} + C_V$

## 示例: 紧邻客厅的卧室

1. 卧室为声音接收地
$L_{RL}$ = 中级

2. 客厅为声源发出地
$L_{NL}$ = 中级
内部噪声等级计算取值最低标准

3. 隔墙隔声要求
$D_i$ = 52 dB

4. 假定接收地—卧室的容积
$V$ = 25.2 m³
隔声墙的表面积
$S$ = 8.4 m²

5. 从列线图中确定必要的噪声级修正值 $\Delta L_{AS}$
或通过公式计算:

$$\Delta L_{AS} = 10 \lg \left( \frac{25.2}{8.4} \right) - 4.9 \text{ dB} = -0.13 \text{ dB}$$

从表中查询相关容积修正 $C_V$ = 0

## 6. 修正所需的噪声保护措施 $R'_w$
$R'_w + C \geq 52 - (-0.13) + 0 = 52.13 \text{ dB}$

7. 假设墙体构造为:
Calmo牌砖墙, 内抹灰厚度 $d$ = 20cm
$R'_w + C = 55 + (-2) = 53 \text{ dB}$

$R'_w$ 和 $C$:
详见附录 制造商提供的产品数据

## 对空气声和撞击声的灵敏度要求

| 灵敏度等级 $L_{RL}$ | 接收室的使用功能 |
|---|---|
| 低：< 35 dB | 人员密集型场所，主要是体力劳动或仅短期使用：车间、开放式办公室、厨房、食堂、实验室、走廊等 |
| 中：< 30 dB | 脑力劳动场所，生活或睡觉的场所：起居室或卧室、公寓、教室、音乐室、办公室、酒店、医院病房等 |
| 高：< 25 dB | 特别需要安静的场所：医院休息区、特殊治疗室、音乐工作室等 |

A

SIA 181, 2.3

## 隔绝室内空气声的最低要求

| 噪声源强度 | 低 | 中 | 高* | 非常高** |
|---|---|---|---|---|
| 发声房间 | 小声 | 正常 | 嘈杂 | 非常吵闹 |
| 示例 | 阅览室、候诊室、病房、档案室等 | 起居室、卧室、浴室、卫生间、厨房、走廊、电梯、楼梯、会议室、实验室、销售室等 | 娱乐室、会议室、教室、幼儿园、没有音乐的餐厅、有音乐的销售室、锅炉房、车库、设备机房等 | 贸易市场、车间、工厂、音乐练习室、健身房、音乐餐厅等 |

B

| 噪声敏感度 | 标准隔声量 $D_i$** 的要求范围 | | | |
|---|---|---|---|---|
| 低 | 42 dB | 47 dB | 52 dB | 57 dB |
| 中 | 47 dB | 52 dB | 57 dB | 62 dB |
| 高 | 52 dB | 57 dB | 62 dB | 67 dB |

C

\* 特殊用途（SIA 181, 3.2.1.4 项）
\*\* 入口特殊规定（SIA 181, 3.2.1.5 项）

当对空气声的防护要求增加时，应按隔声最低要求增加不小于 **3dB** 的量来隔绝室内外声源。

SIA 181, 3.2.1.2

## 隔绝室外空气声的最低要求

| B | 噪声源强度 | 室外干扰程度 | | | |
|---|---|---|---|---|---|
| | | 由低到适中 | | 相当强到非常强 | |
| | 接收室的位置 | 远离交通要道，无噪声工业厂区 | | 靠近交通要道或有噪声的工业厂区 | |
| | 敏感时段 | 白天 | 晚上 | 白天 | 晚上 |
| | 室外噪声源等级 dB（A） | $L_r \leqslant 60$ | $L_r \leqslant 52$ | $L_r > 60$ | $L_r > 52$ |
| C | 噪声敏感度 | 标准隔声量 $D_e$ 的要求 | | | |
| | 低 | 22 dB | 22 dB | $L_r - 38$ dB | $L_r - 30$ dB |
| | 中 | 27 dB | 27 dB | $L_r - 33$ dB | $L_r - 25$ dB |
| | 高 | 32 dB | 32 dB | $L_r - 28$ dB | $L_r - 20$ dB |

SIA 181 第 3.1.1.2 项

## 隔绝室内音乐传声隔声量 $D_{i50}$ 的最低要求—示例：

| 噪声级影响 | 适中的 | 相当大的 | 强的 | 非常强的 |
|---|---|---|---|---|
| 噪声源发出地示例 | 噪声级别增加的餐厅、咖啡厅等 | 酒吧 | 夜总会或噪声级极高的类似场所 | 迪斯科、跳舞、现场音乐会 |
| $L_{Aeq(t)}$ dB（A） | 75~80 | 80~85 | 85~90 | > 90 |
| 噪声敏感度 | 标准隔声量 $D_{i50}$ (dB) 的要求范围 | | | |
| 低 | 50~55 | 55~60 | 60~65 | > 65 |
| 中 | 55~60 | 60~65 | 65~70 | > 70 |
| 高 | 60~65 | 65~70 | 70~75 | > 75 |

SIA 181，特殊用途 3.2.1.4, A.2.2.2

**D 必要噪声级修正 Δ*L*<sub>AS</sub> 列线图**
**取决于房间容积 *V* [m³] 和隔声屏障的表面积 *S* [m³]**

SIA 181, E.2.1.2, 图 10

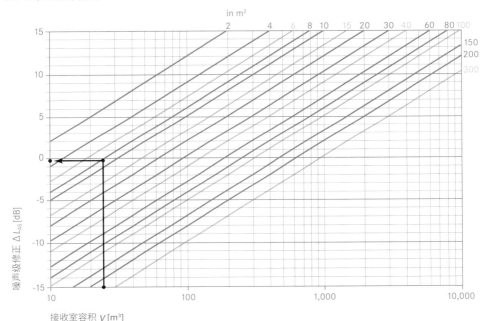

房间容积 $V$ = 25.2 m³
隔声屏障的面积 $S$ = 8.4 m²
必要的噪声级修正 $\Delta L_{AS} \geqslant$ –0.2 dB

**E 空气声和撞击声相关的容积修正 *C*<sub>V</sub>**

| 容积 *V* [m³] | 容积相关修正 *C*<sub>V</sub> [dB] 或 [dB(A)] |
|---|---|
| *V* < 200 | 0 |
| 200 ≤ *V* < 300 | 2 |
| 300 ≤ *V* < 500 | 3 |
| 500 ≤ *V* < 800 | 4 |
| *V* ≥ 800 | 5 |

SIA 181, 2.4

## 确定噪声防护等级
## 隔绝撞击声

SIA 181

1. 确定接收室的噪声灵敏度
$L_{RL}$：要求等级：低 — 中 — 高
详见 157 页

**F** 2. 确定声源发射房间的噪声源强度
$L_{NL}$：噪声级

**G** 3. 确定允许最大可接受的标准撞击声级 $L'$

4. 计算接收室的容积 $V$

**H** 5. 确定必要的噪声级修正值
从列线图查$\Delta L_{IS}$
或者通过公式计算
$\Delta L_{IS} = 14.9 - 10 \lg V$ (dB)

**I** 从表中查出与容积相关的修正值 $C_v$

### 6. 计算可接受的最大标准撞击声级 $L'_{n,w}$

$L'_{n,w} + C_I \leqslant L' - \Delta L_{IS} - C_v$
$L'_{n,w}$：具体取决于建筑构件
$C_I$：频谱校正，取决于建筑部件

7. 需要被评估的标准撞击声级
$L'_{n,w}$
$L'_{n,0,w}$ 清水混凝土楼板
**J** $L'_{n,r,0,w}$ 没有附加层的混凝土楼板

8. 评估撞击声级的衰减
$\Delta L_w = L'_{n,0,w} - (L'_{n,w} + C_I)$

**K** 9. 建筑构件必须满足标准撞击声级的要求，通过构造方式、材料厚度，以及附加保温层来实现。

## 示例：客厅上方的客厅

已知条件：
两个起居室之间的混凝土楼板厚 $d = 20$cm，每个客厅的容积均为 80m³

求：
撞击声衰减值 $\Delta L_w$，提供必要的撞击声防护

1. 下方的客厅为接收室
$L_{RL} = $ 中级

2. 上方的客厅为声源房间
$L_{NL} = $ 中级

3. 楼板隔声要求值 $L' = 53$ dB

4. 接收室容积 $V = 80$m³

5. 从列线图中查出噪声级修正 $\Delta L_{IS}$
或者通过公式计算
$\Delta L_{IS} = 14.9 - 10 \lg 80 = -4.1$ (dB)

### 6. 修正后的楼板可接受的最大标准撞击声级 $L'_{n,w}$

$L' - \Delta L_{IS} - C_v = 53 - (-4.1) - 0 = 57.1$ dB
$L'_{n,w} + C_I \leqslant 57.1$ dB

从表中查出相关容积修正 $C_v = 0$

7. 评估清水混凝土楼板的标准撞击声级
$L'_{n,r,0,w} = 70.5$ dB

8. 评估撞击声级的衰减
$\Delta L_w = L'_{n,r,0,w} - (L'_{n,w} + C_I)$
$\Delta L_w = 70.5 - 57.1 = 13.4$ dB

9. 如有必要，选择可降低撞击声的构造方式
详见 164 页
详见 SIA D 0189
详见产品供应商的数据

## 撞击声的测定

如果几个房间共用同一个地板或顶棚, 最低标准计量值应该介于上方最嘈杂的房间和下方最敏感的房间之间:

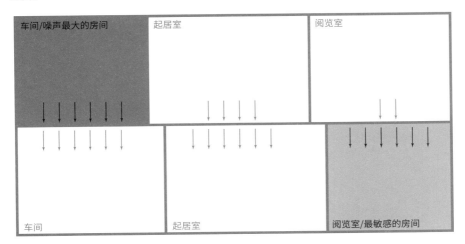

在许多情况下, 撞击声是垂直传声中最重要的噪声干扰, 因此楼板的构造决定了此噪声的影响。

## 隔绝撞击声的最低要求

| F | 噪声源强度 | 低 | 中 | 高 | 非常高 |
|---|---|---|---|---|---|
| | 声源房间示例 | 阅览室、候车室、档案馆 | 起居室、卧室、厨房、浴室、卫生间、楼梯、走廊、露台、车库 | 餐厅、学校教室、幼儿园、健身房、车间、音乐练习室 | 与"高"相同的功能房间, 包括从晚上7点到次日上午7点 |
| G | 噪声灵敏度 | 允许最大撞击噪声级 $L'$ | | | |
| | 低 | 63 dB | 58 dB | 53 dB | 48 dB |
| | 中 | 58 dB | 53 dB | 48 dB | 43 dB |
| | 高 | 53 dB | 48 dB | 43 dB | 38 dB |

SIA 181, 3.2.2.2

## H 噪声级修正列线图 $\Delta L_{IS}$

SIA E.3.1.2, 图 12

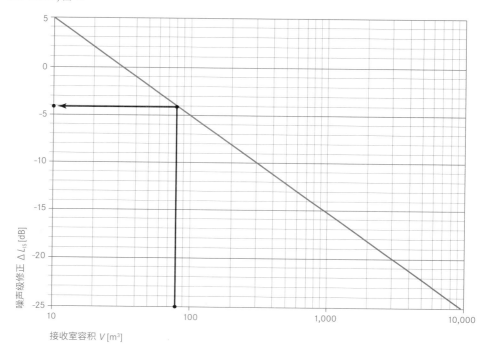

接收室容积 $V = 80m^3$

必要的噪声级修正值 $\Delta L_{IS} \geqslant -4.1$

## I 空气声和撞击声相关的容积修正 $C_V$

| 容积 $V$ [m³] | 容积修正 $C_V$ [dB] or [dB(A)] |
|---|---|
| $V < 200$ | 0 |
| $200 \leqslant V < 300$ | 2 |
| $300 \leqslant V < 500$ | 3 |
| $500 \leqslant V < 800$ | 4 |
| $V \geqslant 800$ | 5 |

SIA 181, 2.4

## J 清水混凝土楼板
### 无构造层楼板的标准撞击声级 $L'_{n,r,0,w}$ **[dB]** 的评估

SIA 181，E.3.2.5，图 13

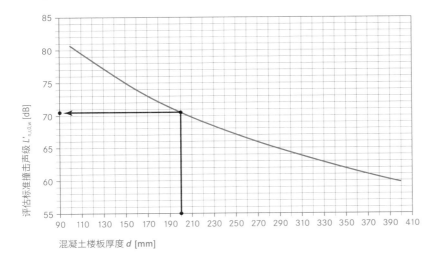

混凝土楼板厚度 $d$ [mm]

## 示例
混凝土楼板厚度 200 mm
评估标准撞击声级 $L'_{n,r,0,w}$ = 70.5 dB

## 评价撞击声隔声量 Δ$L_w$[dB]

## K 清水混凝土楼板上的构造层

### 附加构造层

| 材料 | Δ$L_w$[dB] |
|---|---|
| 2.5 mm 地板革 | 7 |
| 2 mm 软木层上铺设地板革 | 15 |
| 5 mm 多孔木板上铺设地板革 (380kg /m²) | 16 |
| 3.5 mm 软木地板 | 15 |
| 7.0 mm 软木地板 | 18 |
| 6.0 mm 软木拼接 | 15 |
| 1.5~2.0 mm PVC 地板 | 5 |
| 2 mm 软木 PVC 贴面地板 | 14 |
| 3 mm 隔音毡 PVC 贴面地板 | 15~19 |
| 2.5 mm 橡胶地板 | 10 |
| 5.0 mm 橡胶地板，含 4 mm 多孔橡胶层 | 24 |
| 椰棕地毯 | 17~22 |
| 地毯，根据不同类型 | 24~30 |
| 针毡吸音地板 | 17~22 |

### 木地板

| 材料 | Δ$L_w$[dB] |
|---|---|

拼接地板，铺在木质材料上

| | |
|---|---|
| 直接安装在地面 | 16 |
| 安装在 1 cm 的岩棉或软木吸收层上 | 24 |

实木拼接地板，铺设在

| | |
|---|---|
| 2.0 cm 软木 | 6 |
| 0.7 cm 沥青油毡 | 15 |
| 2 cm 泥炭板 | 16 |
| 1 cm 多孔木板 | 16 |
| 1 cm 的多孔木板，铺设在 0.5 cm 的矿物纤维板上 | 28 |

### 浮筑式楼板

浮筑式楼板，就是在清水钢筋混凝土楼板上铺设一层弹性隔声层，然后再铺 50mm 厚的混凝土楼板。其侧面竖向隔声层形成船一样的弧形声音隔绝层，杜绝产生声桥。

### 清水混凝土楼板以上，浮筑式楼板的整体的隔声性能如下

| 弹性隔声层材料 | Δ$L_w$ [dB] |
|---|---|

在混凝土找平层上，包括以下附加层

| | |
|---|---|
| 0.3 cm 瓦楞纸板 | 18 |
| 1.2 cm 多孔木板 | 15 |
| 1 cm 硬泡沫板 | 26 |
| 0.6~0.8 cm 软木磨砂垫 | 16 |
| 1.4 cm 软木磨砂垫 | 22 |
| 橡胶磨砂垫 | 18 |
| 0.8 cm 椰子纤维垫 | 23 |
| 1.3 cm 椰子纤维垫 | 28 |
| 1.0 cm 矿物纤维板 | 27 |
| 1.5 cm 矿物纤维板 | 31 |
| 1.5 cm 矿物纤维板 | 31 |

在沥青砂浆层上

| | |
|---|---|
| 2 cm 多孔木纤维板 | 20 |
| 0.7 cm 软木磨砂垫 | 19 |

# DESIGN PRINCIPLES FOR NOISE PROTECTION
## 噪声防护设计原理

1. 尽可能靠近声源处抑制噪声。

2. 最弱的构件来确定噪声级的影响
比较: → 最弱构件占建筑面积比约为 1:2 至 1:10,
噪声防护级差为 20~60 dB, 即 1:10000

3. 两个相邻构件的连接要采用可分离的构造做法:
→ 尽可能使用柔性材料填充和柔性节点连接

4. 双层结构优于单层结构。结合部位使用弹性或可弯曲的材料。

5. 特别考虑构件侧边的隔声,因为通过相邻建筑构件的纵向传导将架起声音传播的桥梁,即使构件材料本身有很好的隔声效果。

6. 避免在天花板和墙壁上使用硬质泡沫保温材料(如聚苯乙烯、聚苯乙烯泡沫塑料等)→ 它们会因其硬度而降低隔噪性能。

7. 施工过程中,严格要求材料供应商提供满足噪声防护值的专业检测报告。

8. 噪声防护性能差的结构 (轻型结构) 可通过增加吸声来改善。

9. 在所有投标文件里明确所要求的噪声等级指标。

**组合建筑构件的噪声防护措施**

$$R'_{res} = 10 \cdot \lg \left( \frac{S_1 + S_2 + \cdots}{S_1 \cdot 10^{-R_1/10} + S_2 \cdot 10^{-R_2/10} + \cdots} \right)$$

$S_1, S_2, \ldots$ = 每个构件的表面积
$R_1, R_2, \ldots$ = 评价每个构件的标准撞击声级

## 建筑构件的空气隔声

内墙

| 轻质结构墙 | 34~45 dB |
|---|---|
| 分开的双墙 | 50~55 dB |
| 单层厚重的墙 | 43~55 dB |
| 门 | 17~40 dB |

外墙

| 单层普通厚重的墙 | > 50 dB |
|---|---|
| 双层普通厚重的墙 | > 60~70 dB |
| 轻质金属结构墙 | < 40 dB |
| 清水砖墙 | 因为墙缝，隔声比抹灰的墙最多差 10 dB |
| 硬质塑料泡沫 | 隔声效率降低 |
| 双层/三层玻璃 | 33~35 dB |
| 高隔音玻璃 | < 48 dB |
| 封闭橱窗 | < 60 dB |

## 复合部分的噪声级 $L_{res}$ — 示例

已知：室外噪声级$L_e$ = 70 dB

| 墙 | $A_{wa}$ = 10 m² | $R'_{wwa}$ = 50 dB | $L_{iwa}$ = 20 dB |
|---|---|---|---|
| 窗 | $A_{wi}$ = 4 m² | $R'_{wwi}$ = 40 dB | $L_{iwi}$ = 30 dB |

求：噪声级 $L_{res}$

$I_{wa} = I_{ref} \cdot 10^{(0.1 \cdot Liwa)}$ W/m² $= 10^{-12} \times 10^{(0.1 \times 20)}$ W/m² $= 10^{-10}$ W/m²

$I_{wi} = I_{ref} \cdot 10^{(0.1 \cdot Liwi)}$ W/m² $= 10^{-12} \times 10^{(0.1 \times 30)}$ W/m² $= 10^{-9}$ W/m²

$I_{res} = \dfrac{A_{wi} \cdot I_{wi} + A_{wa} \cdot I_{wa}}{A_{wi} + A_{wa}} = \dfrac{4 \times 10^{-9} + 10 \times 10^{-10}}{4 + 10} = 3.57 \times 10^{-10}$

$L_{res} = 10 \lg \left( \dfrac{I_{res}}{I_{ref}} \right) 10 \lg \left( \dfrac{3.57 \times 10^{-10}}{10^{-12}} \right) = 26$ dB

或者直接用以下公式

$L_{res} = 10 \lg \left( \dfrac{A_{wi} \cdot 10^{(0.1 \cdot L_{iwi})} + A_{wa} \cdot 10^{(0.1 \cdot L_{iwa})}}{A_{wi} + A_{wa}} \right) = 26$ dB

## A 通过隔板的噪声传播

防止"吻合效应"产生的措施，选择隔板的软硬度

入射声波的波长与平板固有弯曲波的波长相吻合而产生的共振现象，称为吻合效应。发生吻合效应时，隔板就会在入射声波的策动下进行弯曲振动，使入射声能大量投射到另一侧，从而减弱隔板隔声量能力。

| 材料 | 足够的弯曲柔软度 | 足够的抗弯强度 |
|---|---|---|
| 频率 | 共振频率 $f_i >$ 1,600 Hz<br>→ 高于相关频率范围 | 吻合临界频率 $f_i <$ 200 Hz<br>→ 低于相关频率范围 |
| 厚度值 $d$ | 小 | 大 |
| 弯曲波传播速度 $c_{pl}$ | 小 | 大 |

## B 不同软硬材料的厚度

| 序号 | 材料 | 足够的弯曲柔软度 ($f_i \geqslant$ 1,600 Hz)<br>厚度小于 [mm] | 足够的抗弯强度 ($f_i \leqslant$ 200 Hz)<br>厚度大于 [mm] |
|---|---|---|---|
| 10 | 重混凝土 | | 85 |
| 6 | 轻质混凝土、石膏 | | 15 |
| 3 | 加气混凝土 | | 220 |
| 8 | 砖墙 | | 115 |
| 4 | 石膏板 | 20 | |
| 4 | 纤维混凝土 | 10 | |
| 4 | 硬纤维板 | 19 | |
| 9 | 胶合板 | 13 | |
| 1 | 软纤维板 | 45 | |
| 11 | 玻璃、钢 | 7 | |
| 2 | 铅 | 30 | |
| 5 | 刨花板 | 50 | |
| 7 | 亚克力玻璃 (PMMA) | 20 | |

从不同材料阻隔频率的特性看：

序号 10, 8, 6, 3 更适合阻隔中低频率的噪声，材料越厚，阻隔声音频率越低。

序号 1, 2, 4, 5, 7, 9, 11 更适合阻隔中高频率的噪声，材料越薄，阻隔声音频率越高。二者结合可以互补。

## A 通过隔板的噪声传播

防止"吻合效应"产生的措施，选择隔板的软硬度

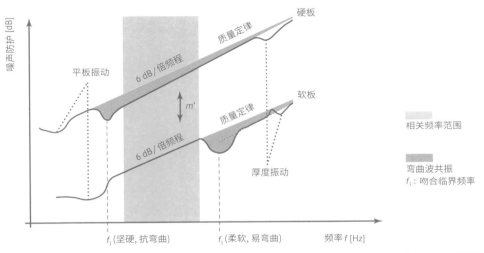

质量定律是决定墙或其他建筑板材隔声量的基本规律。公式：$R_0 = 20\lg(m \cdot f) - 43$，式中：$R_0$ 为隔声量；$m$ 为单位面积质量 (kg/m²)；$f$ 为入射声的频率 (Hz)。

## B 不同软硬材料的厚度

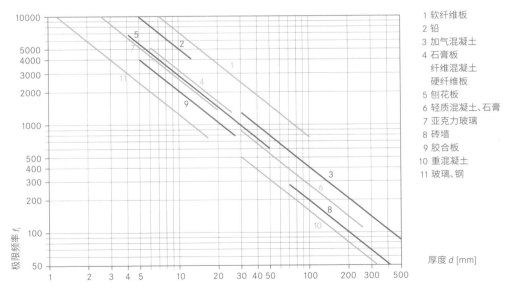

1 软纤维板
2 铅
3 加气混凝土
4 石膏板
　纤维混凝土
　硬纤维板
5 刨花板
6 轻质混凝土、石膏
7 亚克力玻璃
8 砖墙
9 胶合板
10 重混凝土
11 玻璃、钢

ACOUSTICS

声学

## RUNNING TIME –
## SOUND REFLECTIONS
## 持续时间—声音反射

### A 持续时间—声音反射
通过可接受的声程差，来确定表演空间的内部体形。

### 直达声
是指从声源以直线的形式直接传播到接受者的声音。

### 一次反射声
是指通过从墙壁或顶面一次反射，间接传播到接受者的声音。

### 一次反射声的到达时间
在超过20毫秒直到80~100毫秒的一次反射声的时间段里，人的听觉会把一次反射声并入直达声，感觉完全就是直达声。

### B 声程差 $\Delta s$ [m]
### 直达声 — 一次反射

$\Delta s = v \cdot \Delta t$ [m]

其中：

$\Delta s$：声程差 [m]

$v$：声音传播速度 [m/s]

$\Delta t$：时间差 [s]

### 混响声
直达声以及不同表面经过多次连续反射产生的混合声音

### 混响时间 $T$ [s]
声源停止发声后，扩散声衰减消失所需的时间

时间足够短：这样声音就不会被叠加了

时间不要太短：否则就没有空间感

**A 持续时间—声音反射**

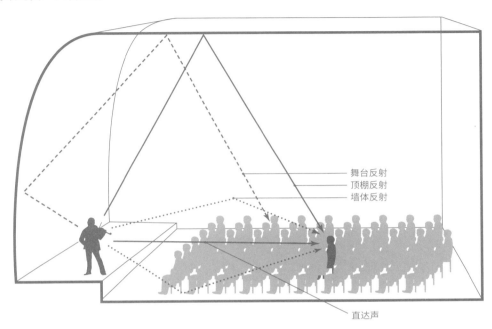

舶台反射
顶棚反射
墙体反射

直达声

**B 声程差 Δs[m]**
**直达声 — 一次反射**
时间差 $\Delta t$ = 20 ms
声音在空气中的传播速度 $v$ = 340 m/s
声程差 $\Delta s$ = 340 × 0.02 = 6.8 m

| 声程差 | 延迟时间 | 效果 |
|--------|----------|------|
| 0.3~7 m | 0.8~20 ms | 早期的干扰应该被抑制, 因为它们使声音变得不悦耳 |
| 7~17 m | 20~50 ms | 适合演讲 |
| 7~27 m | 20~80 ms | 适合音乐 |
| 7~34 m | 20~100 ms | 人耳可以将反射声感受为直达声的最大范围 |
| > 34 m | > 100 ms | 反射成为干扰回声 |

## 混响时间 $T$ [s]
### Sabine 提出了混响时间的定义：

当室内声场达到稳态，声源停止发声后，声级衰减 60dB 所需要的时间

声强减小 $10^{-6}$

$$T = 0.163 \times \frac{V}{A} \text{ [s]}$$

0.163: 赛宾（Sabine）常数 [s/m]

$V$: 房间容积 [m³]

$A$: 声音吸收的等效面积 [m²]

详见 176~177 页

$$A = \sum_{i=1}^{N} S_i \cdot \alpha_i \text{ [m²]}$$

$S_i$: 室内所有表面 [m²]

$\alpha_i$: 所有表面材料等的吸声系数 [–]

详见 178~179 页

## C 理想的混响时间 $T_{des}$ [s]

它与房间的使用功能和容积相关，在其他性能保持不变的情况下，大空间比小空间理想混响时间长

→ 容积 $V \sim d^3$，表面积 $S \sim d^2$

## 控制混响时间 $T$

缩短混响时间：

房间的声音反射越多，即房间内表面越复杂，则表面吸收的声音越多。

## 最佳混响时间—参照尺度

房间的最小容积，见容积图 $K$:

每人 $K > 4$ m³: 演讲

每人 $K > 6$ m³: 室内音乐

每人 $K > 8$ m³: 交响乐

最大房间容积 $V$ [m³]

自然声源不需要扩音设备的前提下：

$V < 3,000$ m³: 普通演讲者

$V < 6,000$ m³: 有经验的演讲者

$V < 10,000$ m³: 乐器独奏

$V < 25,000$ m³: 大型交响乐团

## C 理想的混响时间 $T_{des}$ [s]

以 500 Hz 频率的音乐为基准

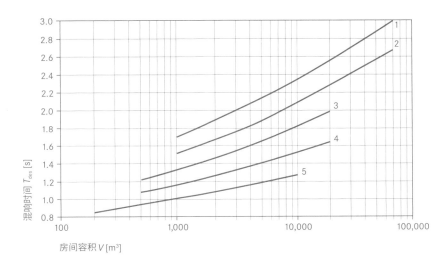

1 有合唱或管风琴音乐的交响乐室
2 交响乐室
3 独奏室和室内乐室
4 歌剧
5 剧院、演讲厅

## 不同使用对象的最佳混响时间 $T$

| 使用对象 | 混响时间 $T$ [s] |
|---|---|
| **办公建筑** | |
| 单间办公室 | 0.6~1.0 |
| 小办公室 | 0.6~0.8 |
| 中型办公室 | 0.6~0.8 |
| 开放式办公室 | 0.4~0.6 |
| 数据处理室 | 0.4~0.6 |
| 食堂、娱乐室 | 0.6~0.8 |
| **学校建筑** | |
| 教室 | 0.5~0.7 |
| 歌唱教室 | 0.7~0.9 |
| 音乐教室 | 0.8~1.1 |
| 音乐练习室 | 0.4~0.6 |
| 舞蹈大厅 | 1.0~1.5 |
| 手工艺教室 | 0.4~0.6 |
| 会议厅、礼堂 | 0.9~1.2 |
| 健身房、室内游泳池 | 1.0~1.5 |
| **居住建筑** | |
| 起居室和卧室 | 0.6~1.0 |
| **旅馆和饭店** | |
| 楼梯间 | 1.0~1.2 |
| 走廊、大厅 | 0.8~1.0 |
| 客房 | 0.8~1.2 |
| 餐厅、酒吧 | 0.6~1.0 |
| **广播电视演播室** | |
| 100~900 m² 的工作室 | 最大 0.5~1.2 |
| 排练室 | 1.0~1.3 |
| 广播演播室 | 0.5 |
| 播音室 | 最大 0.3 |
| 控制室 | 0.5 |

## 等效吸声面 $A_k$

观众、椅子、乐队等的吸声。

$a_k = 1$; 完全吸收等效面积 $S_k$。

| $f$ [Hz] | 125 | 250 | 500 | 1,000 | 2,000 | 4,000 |
|---|---|---|---|---|---|---|
| 示例 $S_k$ [m²] | | | | | | |
| 每人 < 0.5 m² 的合唱团 | 0.15 | 0.25 | 0.40 | 0.50 | 0.60 | 0.60 |
| 每人约 0.65m² 的观众 | 0.30 | 0.45 | 0.60 | 0.65 | 0.75 | 0.75 |
| > 每人 2m² 的乐队 | 0.45 | 0.65 | 0.85 | 1.00 | 1.10 | 1.10 |
| 纯实木座椅席位 | 0.01 | 0.01 | 0.02 | 0.03 | 0.05 | 0.05 |
| 木折叠椅 | 0.05 | 0.05 | 0.05 | 0.05 | 0.08 | 0.05 |
| 教堂长椅上的人 | 0.25 | 0.34 | 0.41 | 0.45 | 0.45 | 0.38 |
| 有橡胶泡沫垫的席位 | 0.15 | 0.25 | 0.25 | 0.15 | 0.18 | 0.30 |
| 站着的或坐在大厅木席位的人 | 0.15 | 0.30 | 0.50 | 0.55 | 0.60 | 0.50 |
| 教室里的孩子 | 0.12 | 0.18 | 0.26 | 0.32 | 0.38 | 0.38 |

## 吸声系数 α
## 中国常用建筑材料的吸声系数和吸声单位

| 材料和构造的情况 | 频率 (Hz) | | | | | |
|---|---|---|---|---|---|---|
| | 125 | 250 | 500 | 1,000 | 2,000 | 4,000 |
| | 吸声系数 α | | | | | |
| 清水砖墙 | 0.05 | 0.04 | 0.02 | 0.04 | 0.05 | 0.05 |
| 砖墙抹灰 | 0.03 | 0.03 | 0.03 | 0.04 | 0.05 | 0.07 |
| 混凝土地面（厚度：10cm 以上） | 0.01 | 0.01 | 0.02 | 0.02 | 0.02 | 0.03 |
| 混凝土地面(涂油漆) | 0.01 | 0.01 | 0.01 | 0.02 | 0.02 | 0.02 |
| 混凝土地面上铺漆布或软木板 | 0.02 | 0.03 | 0.03 | 0.03 | 0.03 | 0.02 |
| 1.1cm 厚毛地毯铺在混凝土上 | 0.12 | 0.10 | 0.28 | 0.42 | 0.21 | 0.33 |
| 0.5cm 厚橡皮地毯铺在混凝土上 | 0 04 | 0.04 | 0.08 | 0.12 | 0.03 | 0.10 |
| 水磨石地面 | 0.01 | 0.01 | 0.01 | 0.02 | 0.02 | 0.02 |
| 木地板（有龙骨架空） | 0.15 | 0.11 | 0.10 | 0.07 | 0.06 | 0.07 |
| 板条抹灰、抹光 | 0.14 | 0.10 | 0.06 | 0.04 | 0.04 | 0.03 |
| 钢丝网抹灰 | 0.04 | 0.05 | 0.06 | 0.08 | 0.04 | 0.06 |
| 1.25cm 厚的纤维板紧贴实墙 | 0.05 | 0.10 | 0.15 | 0.25 | 0.30 | 0.30 |
| 石棉板 | 0.02 | 0.03 | 0.05 | 0.06 | 0.11 | 0.28 |
| 0.4cm 厚硬质木纤维板，后空 10cm, 填玻璃棉毡 | 0.48 | 0.25 | 0.15 | 0.07 | 0.10 | 0.11 |
| 木丝板（厚 3cm），后空 10cm, 龙骨间距 45cmx45cm | 0.09 | 0.36 | 0.62 | 0.53 | 0.71 | 0.87 |
| 0.7cm 厚的五夹板，后空 5cm | 0.22 | 0.39 | 0.22 | 0.19 | 0.10 | 0.12 |
| 0.3cm 厚的五夹板，后空 5cm | 0.21 | 0.74 | 0.21 | 0.10 | 0.08 | 0.12 |
| 0.3cm 厚的五夹板，后空 10cm, 龙骨间距 50cmx45cm | 0.60 | 0.38 | 0.18 | 0.05 | 0.04 | 0.08 |
| 阻燃型聚氨酯泡沫吸声板，26kg / m³ : | | | | | | |
| 2.5cm 厚，实贴 | 0.05 | 0.17 | 0.49 | 0.94 | 1.13 | 1.05 |
| 2.5cm 厚，后空 5cm | 0.11 | 0.35 | 0.85 | 0.90 | 1.02 | 1.16 |
| 2.5cm 厚，后空 10cm | 0.17 | 0.56 | 1.13 | 0.80 | 1.17 | 1.27 |
| 5cm 厚，实贴 | 0.19 | 0.72 | 1.12 | 0.96 | 1.07 | 0.98 |
| 5cm 厚，后空 5cm | 0.26 | 1.11 | 1.02 | 0.88 | 1.07 | 1.01 |
| 5cm 厚，后空 10cm | 0.47 | 0.87 | 0.94 | 0 90 | 1.12 | 1.21 |
| 吸声泡沫玻璃，210kg / m³ : 2cm 厚，实贴 | 0.08 | 0.29 | 0.51 | 0.55 | 0.55 | 0.51 |
| 5cm 厚，实贴 | 0.21 | 0.29 | 0.42 | 0.46 | 0.55 | 0.72 |
| 矿渣棉板，100kg / m³ : 5cm 厚，实贴 | 0.17 | 0.59 | 0.96 | 1.04 | 1.01 | 1.01 |
| 5cm 厚，后空 5cm | 0.29 | 0.78 | 1.08 | 1.04 | 1.01 | 1.01 |
| 5cm 厚，后空 10cm | 0.36 | 0.86 | 1.04 | 1.01 | 1.04 | 1.04 |

## 中国常用建筑材料的吸声系数和吸声单位 (续表)

| 材料和构造的情况 | 频率 (Hz) | | | | | |
|---|---|---|---|---|---|---|
| | 125 | 250 | 500 | 1000 | 2000 | 4000 |
| | 吸声系数 *a* | | | | | |
| 离心玻璃毡, 16kg / m³ : 5cm 厚, 实贴 | 0.20 | 0.48 | 0.72 | 0.84 | 0.84 | 0.80 |
| 5cm 厚, 后空 5cm | 0.20 | 0.56 | 0.68 | 0.76 | 0.72 | 0.72 |
| 5cm 厚, 厚空 10cm | 0.22 | 0.64 | 0.80 | 0.76 | 0.72 | 0.76 |
| 离心玻璃板, 24kg / m³ : 5cm 厚, 实贴 | 0.29 | 0.56 | 0.93 | 1.02 | 0.99 | 0.99 |
| 5cm 厚, 后空 5cm | 0.32 | 0.72 | 0.98 | 0.99 | 1.03 | 1.06 |
| 5cm 厚, 后空 10cm | 0.32 | 0.87 | 1.06 | 0.96 | 1.05 | 1.06 |
| 离心玻璃板, 80kg / m³ : 2.5cm 厚, 实贴 | 0.06 | 0.36 | 0.81 | 1.07 | 1.09 | 1.04 |
| 2.5cm 厚, 后空 5cm | 0 31 | 0.73 | 1.03 | 1.08 | 1.10 | 1.02 |
| 2.5cm 厚, 后空 10cm | 0.55 | 0.84 | 1.03 | 1.05 | 1.06 | 1.00 |
| 2.5cm 厚, 后空 20cm | 0.61 | 0.83 | 0.96 | 1.03 | 1.07 | 1.01 |
| 玻璃钢板, 2000kg / m³ : | | | | | | |
| 0.8cm 厚, 后空 40cm (四周不封闭) | 0.21 | 0.10 | 0.IO | 0.11 | 0.14 | 0.16 |
| 0.8cm 厚, 后空 40cm (四周封闭) | 0.11 | 0.11 | 0.07 | 0.06 | 0.10 | 0.05 |
| 水表面 | 0. 008 | 0. 008 | 0. 013 | 0. 015 | 0. 020 | 0. 025 |
| 玻璃窗扇 (玻璃厚 0.3cm) | 0.35 | 0.25 | 0.18 | 0.12 | 0.07 | 0.04 |
| 通风口及类似物, 舞台开口 | 0.16 | 0.20 | 0.30 | 0.35 | 0.29 | 0.310 |
| 听众席 (包括听众、乐队所占地面, 加周边 1.0m 宽走道) | 0.52 | 0.68 | 0.85 | 0.97 | 0.93 | 0.85 |
| 空听众席 (条件同上, 坐椅为软垫) | 0.44 | 0.60 | 0.77 | 0.89 | 0.82 | 0.70 |
| 听众 (坐在软垫椅上, 每人) | 0 19 | 0.40 | 0.47 | 0.47 | 0.51 | 0.47 |
| 听众 (坐在人造革坐椅上, 每人) | 0.23 | 0.34 | 0.37 | 0.33 | 0.34 | 0.31 |
| 乐队队员带着乐器 (坐在椅子上, 每人) | 0.38 | 0.79 | 1.07 | 1.30 | 1.21 | 1.12 |
| 高靠背软垫椅, 排距 100cm: 空椅 (每只) | 0.19 | 0.43 | 0.44 | 0.40 | 0.42 | 0.40 |
| 坐人, 穿夏装 (衬衫) | 0.32 | 0.47 | 0.51 | 0.58 | 0.62 | 0.63 |
| 坐人, 穿冬装 (棉大衣) | 0.38 | 0.71 | 0.95 | 0.99 | 0.98 | 0.92 |
| 定型海绵垫椅, 排距 100cm: 空椅 (每只) | 0.25 | 0.55 | 0.60 | 0.64 | 0.74 | 0.69 |
| 坐人, 穿夏装 (衬衫) | 0.24 | 0.58 | 0.74 | 0.75 | 0.78 | 0.83 |
| 坐人, 穿冬装 (棉大衣) | 0.50 | 0.91 | 0.89 | 1.00 | 1.03 | 1.01 |
| 木椅 (椅背和椅座均为胶合板制成) | 0.014 | 0.019 | 0.023 | 0.028 | 0.046 | 0.046 |

注: 以上数据来源于《建筑物理》(第三版), 东南大学 柳孝图编著, P506 页附录 III

## ACOUSTICAL DESIGN
## 声学设计

### A 声音分布

**听觉的要点:**
**一次反射的方向**
从侧面传来的声音比从上面或后面传来的声音听起来感觉更好; 侧墙的反射增加了演出的立体感, 与直达声来自同一个方向的反射声的音效较差。

**对所有听众重要的是:**
1. 足够多的直达声
2. 直达声和一次反射声到达的时间差应保持在适当的范围内
3. 足够多的侧反射声
4. 室内侧墙、顶棚的匹配设计

**平行面之间有出现回声的风险**
声波在两个吸声性能差的平行面之间来回反射, 反射时长容易超过 80~100 毫秒的限制, 这会影响听觉质量。

**驻波**
在同一媒质里, 两个频率相同、振幅相等、振动方向相同、沿相反方向传播的声波迭加而成的波。驻波引发局部某些固定点位置的声音加强和减弱, 影响室内音质。

### B 避免颤动回声和驻波的构造方法
平行墙面至少一侧加大吸声系数 $\alpha$
一侧墙面轻微倾斜或旋转约 5°, 以避免平行。

## A 声音分布
### 用镜像声源法设计声线

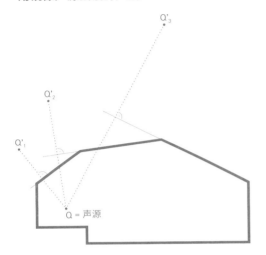

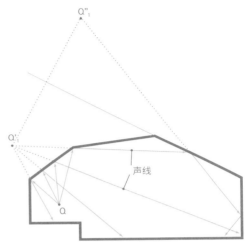

Q'$_1$: 镜像的声源在顶棚上的第一部分
Q'$_2$: 镜像的声源在顶棚上的第二部分
Q'$_3$: 镜像的声源在顶棚上的第三部分

## B 避免颤动回声和驻波的构造方法

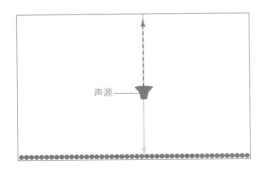

单面增加吸声材料

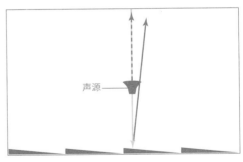

声音反射: 表面倾斜或旋转

**室内空间声学优化**

**示例**

报告厅：

长度 15 米

宽度 9 米

高度 6 米

观众席位 132 人

## C 在纵向剖面上的声音反射

在礼堂的中部和后面：

声线密度较低

声音质量较差

有回声的风险

在舞台和顶面两个平行面之间，当直达声和部分反射声之间的声程差 >17m 时，有出现回声的风险。

## D 改善房间形状—顶面倾斜

消除回声风险。

改善观众席后部的反射效果，使声音分布均衡，音质更佳。

## E 声音在平面上的反射

侧墙反射—把舞台的侧面墙体做成斜墙

增强中心区域的声音效果

后墙的反射降低了前边观众的听觉质量

→通过倾斜部分后墙，增强后部区域反射，提高后区的听觉质量

详见 D 剖面图

**C** 在纵向剖面上的声音反射

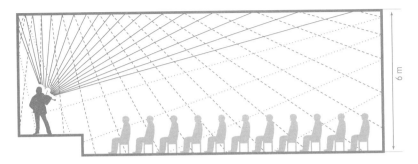

**D** 改善房间形状—顶面倾斜

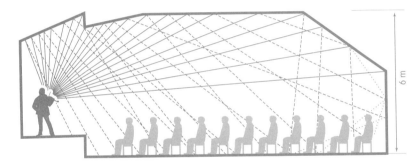

**E** 声音在平面上的反射

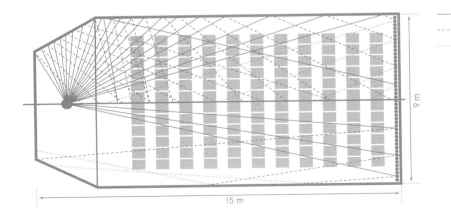

—— 直达声

---- 一次反射声

········ 二次反射声

**声音反射**

对更高的音质标准，可以附加独立的反射体进一步完善声线布局，提高整体声音质量。

**声线再分布**

削弱音强区
加强音弱区

**F 平面反射体**

保持已有的声线分布

**G 凸面反射体**

分散声线

**H 凹面反射体**

集中和聚焦声线，可能会产生破坏性影响

**漫反射体**

无定向散射且分布范围广的声线，就像声音的淋浴

**带有表面结构化处理的反射体**

仅对小于表面结构纹理尺寸的波长有效

**反射体的效果**

增强声音响度
其主要取决于以下几个方面:
1. 反射体尺度比声波波长越大，反射效果就越强
2. 空间角度越大，反射效果就越强
3. 声波入射角越陡，反射效果就越强
4. 反射体质量越大，反射效果就越强
演讲 > 10 kg/m²
音乐 > 40 kg/m²

**F 平面反射体**

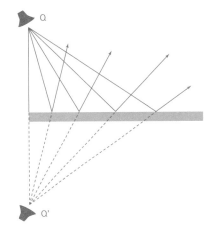

**G 凸面反射体**

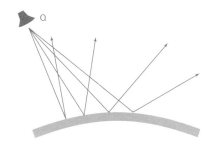

**H 凹面反射体**

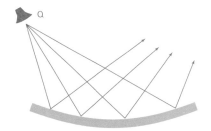

## FREQUENCY RENDITION
## 频率呈现

### 修正构件
利用频率吸收体调整频率呈现

### A 吸声
→ 减少混响时间
→ 消除回声风险
→ 修正频率呈现

### 对于高频:
### 利用多孔、开孔吸声体
在多孔层中通过摩擦将声能转化为热能

### 吸声板 = 内部摩擦较大的多孔吸收体
例如: 用带凹槽和穿孔的刨花板, 来增加吸声体的表面积

切勿在多孔材料表面喷涂, 以免破坏其吸声效果

### 对于中频:
### 利用板式吸声体
胶合板、石膏板或类似的板材安装在龙骨上, 为了不妨碍振动, 龙骨距墙需要有一定的距离 $d_w$ [m]

面板后面的空气层起到空气弹簧的作用, 而面板本身作为振动体, 其共振频率为 $f$

面板后面空间中的多孔吸声材料在共振频率 $f$ 的作用下吸声效果特别强, 可以消除声波带来的能量

### 对于低频:
### 利用亥姆霍兹共振器
一种高效吸收超低频的振荡器

材料表面的吸声系数 $a$
→ 和材料及其表面有关
详见 178~179 页表格

**A** 吸声
**吸音面的安装**

剖面

顶面

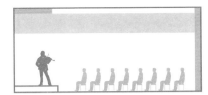

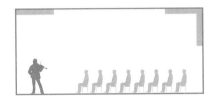

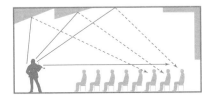

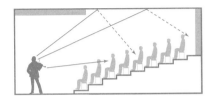

# DESIGN PRINCIPLES FOR ACOUSTICAL PLANNING
## 声学规划的设计原理

### 房间的基本结构
#### 1. 容积指数 $K$ [m³/人]
满座时每个观众需要的最小容积。容积指数 $K$ 和混响时间 $T$ 相关。

#### 2. 最大房间容积 $V$ [m³]
表演时不使用电扩音的房间容积上限与声源强度和声线的不同长度有关。

#### 3. 声音分布
空间墙面布局形式，决定了之后的侧声波和一次反射声。

#### 4. 声音分布
通过绘制声线来检查空间形状对声音分布的影响。
详见181页 镜像声源法

#### 5. 声音分布
如果声音分布不均匀，则应调整房间形状。

### 二次结构
#### 6. 反射体的应用
在平行墙的情况下，为了避免回声或修正房间形状产生的不利声波，可使用声反射体。

#### 7. 选择吸声系数 $a$
详见 178~179 页
详见制造商数据

#### 8. 通过计算检查预期的混响时间

#### 9. 比较混响时间规范要求值和期望值
计算吸声表面额外需求量

### 频率具体措施
#### 10. 识别不同的频率类型，然后通过特定的吸声体来调整频率呈现

## CHARACTERISTIC VALUES FOR LIGHTING
## 日光的特性参数

### A 人眼感光曲线
可见光通常指波长范围为 380nm ~ 780nm 的电磁波。
在光亮环境中，人眼对 555nm 的黄绿光最敏感。

### 光通量 $\Phi$ [lm]
$\Phi = K \cdot P$ [lm]

单位时间的光源发光总量
$K$: 光源的辐射当量 [lm/W]
$P$: 光源的功率 [W]

### 辐射当量 $K$ [lm/W]
光源的能量流是根据眼睛的敏感度来衡量的，即能量
流取决于波长 $\lambda$，利用一个转换系数 $K$ 来实现:
辐射当量 $K$，单位 [lm/W]

### 日光的辐射当量
$K = 90{\sim}100$ lm/W

### 白炽灯泡的辐射当量
$K \approx 14$ lm/W

### 最大辐射当量 $K$
单色钠蒸气灯:
$\lambda = 589$ nm
$K = 673$ lm/W

## A 人眼感光曲线

在波长 $\lambda$ 处的人眼光谱灵敏度 $V[\lambda]$ 和 $V'[\lambda]$ 即光谱光视效率曲线

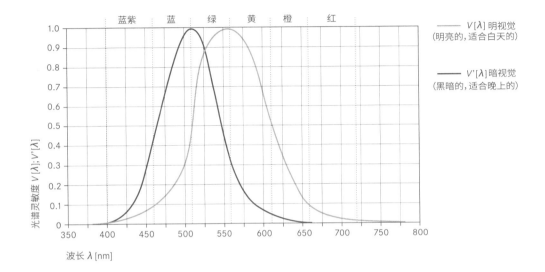

$\lambda$ = 555 nm：人眼的最大灵敏度（明视觉）

## 发光强度 *I* [cd=lm/sr]

$$I = \frac{\Phi}{\Omega} \ [cd = lm/sr]$$

表示光源给定方向上单位立体角 $\Omega$ 内的光通量大小，单位为坎德拉 [cd]

球体: $4\pi$

半球体: $2\pi$

立体角 $\Omega \approx \dfrac{A}{r^2}$ [sr]（球面度）

*A*: 球体表面 [m²]

*r*: 球体半径 [m]

## 亮度 *L* [cd/m² = lm/(m²·sr)]

$$L = \frac{I}{A} = \frac{\Phi}{A \cdot \Omega} \ [cd/m^2 = lm/(m^2 \cdot sr)]$$

*A*: 发光表面 [m²]

$\Omega$: 立体角 [sr]

亮度差异与视觉感受有关

## 照度 *E* [ lx=lm/m² ]

$$E = \frac{\Phi}{A} \ [lx = lm/m^2]$$

*A*: 被照面面积 [m²]

照度表示对被照对象的影响，即光通量与被照对象表面的大小关系，单位为勒克斯 [lx]。

## 二次光源 *L* [cd/m² = lm/(m²·sr)]

$$L = \frac{E \cdot R}{\pi} \ [cd/m^2 = lm/(m^2 \cdot sr)]$$

任意漫反射系数 *R* 的被照面均为二次光源，其亮度为 *L*: 间接照明/产生眩光

例如，在阳光充足的情况下，亚光白色信纸反射率 *R* = 0.8

## 光的特性参数—相互关系

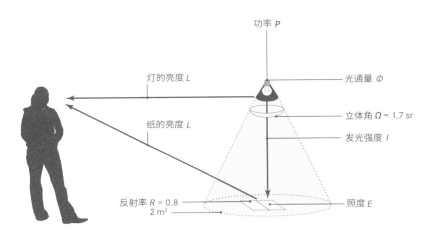

功率 $P$

灯的亮度 $L$

纸的亮度 $L$

光通量 $\Phi$

立体角 $\Omega$ = 1.7 sr

发光强度 $I$

反射率 $R$ = 0.8
2 m²

照度 $E$

## 示例：

### 光通量 $\Phi$
1,000 lm

### 发光强度 $I$
$I$ = 1,000 lm: 1.7 sr = 588.2 lm/sr = 588.2 cd

### 灯的亮度 $L$
$L$ = 588.2 cd: 0.01 m² = 58,850 cd/m²

### 照度 $E$
$E$ = 1,000 lm: 2 m² = 500 lx = 500 lm/m²

### 纸的亮度 $L$（二次光源）
$L$ = 500 lx × 0.8/$\pi$ = 127.3 cd/m² = 127.3 lm/(m²·sr)

## 室外照度 *E* [lx]

| 照度 | *E* [lx] |
|---|---|
| 太阳直射 | 60,000~100,000 |
| 夏季的阴天 | 20,000 |
| 低云层的冬天 | 10,000 |
| 冬季的阴天 | 3,000 |
| 满月之夜 | 0.25 |
| 新月，星光 | 0.01 |

1,000 lx 相当于 1 W/m² 的太阳辐射。

## 需要的照度 *E* [lx]

最低亮度要求

*L* > 200 [cd/m²]

反射率 *R*，例如 *R* = 0.8

$$E = \frac{L \cdot \pi}{R} = \frac{200 \times 3.14}{0.8} = 785 \text{ lx}$$

## 视觉要求高的工作

建议照度范围 500~1,000 lx

## 根据视觉工作的照度 *E* 指南

| 级别 | *E* [lx] | 视觉工作 |
|---|---|---|
| 1 | 20 | |
| 2 | 50 | 仅辨别方向，短暂停留 |
| 3 | 100 | |
| 4 | 200 | 视觉对象没有细节，对比鲜明 |
| 5 | 300 | |
| 6 | 500 | 普通的视觉工作，视觉对象中等细节，中等对比度 |
| 7 | 750 | |
| 8 | 1,000 | 困难的视觉工作，视觉对象细节小，对比度低 |
| 9 | 1,500 | 视觉工作非常困难，非常小的细节，非常低的对比度 |
| 10 | 2,000 | |

## A 视觉感知

其随着环境亮度 *L* 的增加而显著增加，
当亮度在 100 cd/m² 以下时，视觉感知将变得迟缓。
良好的视觉感知范围：
适应亮度 $L_a$ 在 200~2,000 cd/m²之间

## 平均亮度值 *L*

| 示例 | 亮度 *L* [cd/m²] |
|---|---|
| 正午的阳光 | 最高到 $1.6 \times 10^9$ |
| 日出或日落的阳光 | 大约 6,000,000 |
| 晴天的阳光 | 8,000 |
| 阴天的阳光 | 3,500 |
| 月光 | 2,500 |
| 烛光 | 7,000 |
| 乙炔火焰 | 100,000 |
| 荧光灯的光 | 3,000~13,000 |
| 白炽灯光 | 200~500 |
| 乳白色灯泡光 | 10,000~50,000 |
| 哑光灯泡光 | 50,000~500,000 |
| 透明灯泡光 | $10^6 \sim 20 \times 10^6$ |
| 卤素灯光 | $8 \times 10^6 \sim 16 \times 10^6$ |
| 火炬光 | $160 \times 10^6 \sim 400 \times 10^6$ |
| 低压透明钠蒸气灯光 | $1.9 \times 10^6 \sim 6.2 \times 10^6$ |
| 荧光汞蒸气灯光 | 40,000~250,000 |
| 高压汞蒸气灯光 | 最高到 $1.7 \times 10^9$ |
| 高压氙气灯光 | $150 \times 10^6 \sim 950 \times 10^6$ |
| 灯火通明的街道光 | 2 |
| 光线充足的办公室中的书写纸的光 | 250 (在照度为10,000 lx 时) |
| 视觉下限 | $10^{-5}$ |

## A 视觉感知

最大亮度在 200 ~ 2,000 cd/m² 的适应亮度 $L_a$

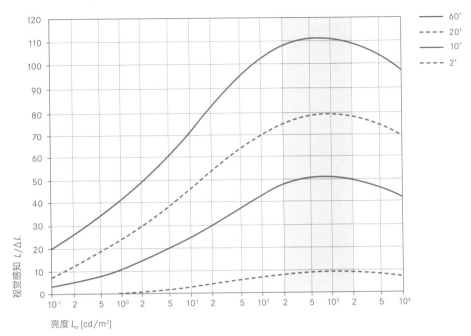

由上图可以看出
良好的视觉感知取决于适应的亮度 $L_a$ 和亮度差 $\Delta L$：
对2′ 至 60′ 四种不同尺寸的物体敏感性不同；物体的尺寸是用看物体的空间视角来定义的，例如两个点或两条线之间。

用 $L/\Delta L$ 的数值来表示视觉感知：
比值小——也就是看比较小的物体（2′）时，亮度反差要大。
比值大——也就是看比较大的物体（60′）时，亮度反差可以小。

注：′ 为角度单位，1°=60′=3600″

## 日光透射率 $\tau_v$ [–]

玻璃的日光透射率多少与人眼的敏感度有关:
好的天气日光透射就大
减少日光透射可以避免房间过热:
可以选择镀膜玻璃

## 可以接受的最小的日光透射率

（会降低对外的视觉效果）
→ 日光透射率最小值: $\tau_v \geqslant 0.2 = 20\%$

## 避免眩光

→ 日光透射最大值: $\tau_v \leqslant 0.1 = 10\%$
日光透射 $\tau_v$ 小于 10% 可以避免眩光，但产生的日光照度不足
→ 需要可调节遮阳

## 日光在能源方面的重要性

良好的日光照射会提供和覆盖一年工作中所需照明时间的 50%~65%，即大约 2,000 小时

## 能量相关的重要性

日光—人工照明—低能耗建筑

功率为 12 W/m² 的人工照明持续 1,000 小时
12,000 Wh/(m²·a) = 12 kWh/(m²·a)
（每年每平方米 12 度电）

比较:
→ 低能耗建筑的能源需求
30 ~ 40kWh/(m²·a)

## 天空的亮度分布

CIE 标准天空显示亮度关系:
天顶 : 地平线 = 3:1

全云天:

$$L_a = \frac{L_{90}}{3} \cdot (1 + 2 \cdot \sin\alpha)$$

$L_a$ : 仰角为 $\alpha$ 角的天空亮度 [cd/m²]
$L_{90}$ : 仰角为 90°，天顶亮度 [cd/m²]

照度比是垂直面照度 $E_v$ 与水平面照度 $E_h$ 之比:

$$\frac{E_v}{E_h} = 0.397$$

因此，透过垂直玻璃上的照度 $E_v$ 是透过水平玻璃上照度 $E_h$ 的 40%。
对比采光系数 *DF*

## 影响垂直面和水平面上的投影

天顶/高: 日照角度范围小, 但强度高

地平线水平/低: 日照角度范围大, 但强度低

## 标准日光在垂直面和水平面受光比例构成图

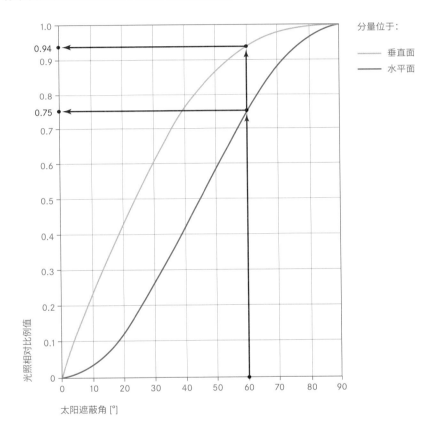

分量位于:

—— 垂直面

—— 水平面

光照相对比例值

太阳遮蔽角 [°]

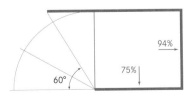

## 示例

在匀称的全云天的情况下, 遮蔽角为 **60°** 的水平遮阳会将水平面的亮度降低到总光通量的 **75%**, 垂直面上的降低到 **94%**。

## DAYLIGHT FACTOR *DF*
## 采光系数 *DF*

$$DF = \frac{E_1}{E_0} \cdot 100 \ [\%]$$

根据 CIE 标准天空，给定房间内某一点 P 处的室内天然光水平照度 $E_1$ 与同一时间室外无遮挡水平面上的天空扩散光照度 $E_0$ 的比值。

**采光系数的分量 [%]**

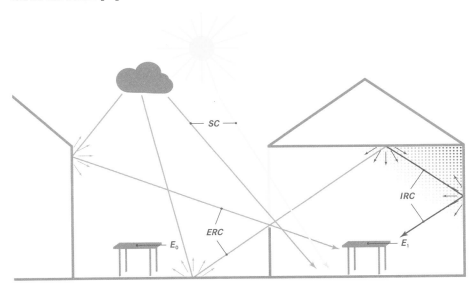

*SC*：天空分量，来自天空的直射光

*ERC*：外部反射分量，来自对面物体外表面的反射光

*IRC*：内部反射分量，来自内部物体表面的反射光

$E_0$：外部水平照度

$E_1$：内部水平照度

## 确定采光系数 [%]

$$DF = \tau_v \cdot K_1 \cdot K_2 \cdot (SC + ERC + IRC) \ [\%]$$

其中:

$\tau_v =$
玻璃的可见光透射比 [–]

$K_1 =$
所有窗框的折减系数 [–]
0.7~0.9，取决于框架类型
$K_1 = 1 - A_{frame} / A_{window}$

$K_2 =$
玻璃的污染折减系数 [–]
0.5~0.85，取决于玻璃的清洁度

## 0. 房间的几何形状

画出窗洞和任何遮挡物，例如在窗洞中可见的相邻房屋。

在瓦尔德拉姆（Waldram）图中标出水平角和垂直角。

## 1. 天空分量 *SC*，直射光

$$SC = n_{dl} \cdot 0.05 \ [\%]$$

在瓦尔德拉姆图的窗口中数出方格数 $n_{dl}$:
窗洞减去所有遮挡物

## 2. 外部反射分量 *ERC*

$$ERC = n_{ob} \cdot 0.05 \cdot \rho \ [\%]$$

遮挡物:
在瓦尔德拉姆图中数出遮挡物的方格数 $n_{ob}$
遮挡物的反射率:
假设平均值 $\rho = 0.15$，否则使用表格

## 3. 内部反射分量 *IRC*

$$IRC = \frac{A_{wi}}{A_R} \cdot \frac{1}{(1-\rho_m)} \cdot (f_u \cdot \rho_{fw} + f_d \cdot \rho_{cw}) \ [\%]$$

其中:

### A $A_{wi}/A_R$
玻璃/窗面积 $A_{wi}$ 与房间总内表面积 $A_R$ 之比

### 所有室内表面的平均反射率 $\rho_m$

### B 房间下半部的平均反射率 $\rho_{fw}$
在通过窗户高度正中间位置的水平面以下，不含窗户所在的墙。

### C 房间上半部的平均反射率 $\rho_{cw}$
在通过窗户高度正中间位置的水平面以上，不含窗户所在的墙。

### D 遮挡物距离角 $\alpha$
从窗户中心测量

### → 窗口系数 $f_u$, $f_d$
$f_u$: 地面向上反射的贡献
$f_d$: 顶棚向下反射的贡献
$f_u$ 和 $f_d$ 取决于遮挡物距离角 $\alpha$
→ 从对应曲线中取值
详见 207 页

## A $A_{wi}/A_R$和$\rho_m$

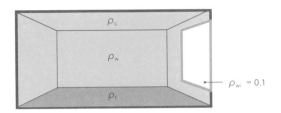

$\rho_{wi}$ = 0.1

$\rho_c$: 顶面反射率
$\rho_w$: 墙面反射率
$\rho_f$: 地面反射率
$\rho_{wi}$: 窗户反射率

**标准值:**
顶面 80%~90%
墙面 40%~60%
地面 20%~40%

## B 房间下半部的平均反射率 $\rho_{fw}$

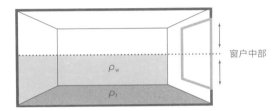

窗户中部

## C 房间上半部的平均反射率 $\rho_{cw}$

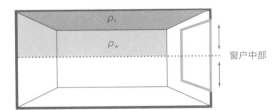

窗户中部

## D 遮挡物距离角$\alpha$和窗口系数 $f_u$, $f_d$

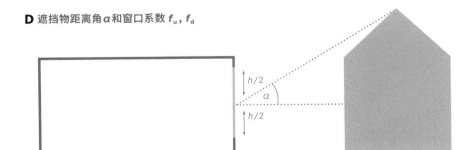

$h/2$

$\alpha$

$h/2$

## 瓦尔德拉姆（Waldram）图

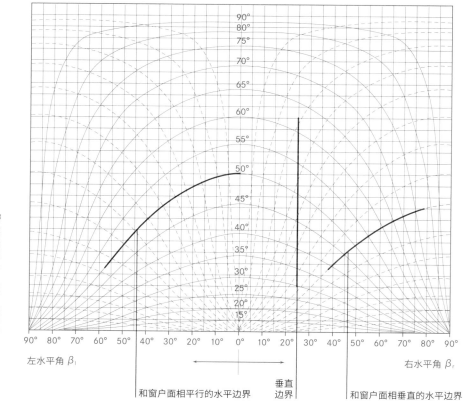

垂直角 $\varepsilon$: 窗户 $\varepsilon_{wi}$ 和遮挡物 $\varepsilon_{ob}$

90°
80°
75°
70°
65°
60°
55°
50°
45°
40°
35°
30°
25°
20°
15°

90° 80° 70° 60° 50° 40° 30° 20° 10° 0° 10° 20° 30° 40° 50° 60° 70° 80° 90°

左水平角 $\beta_l$

右水平角 $\beta_r$

和窗户面相平行的水平边界

垂直边界

和窗户面相垂直的水平边界

## 障碍物距离角 α 处的窗口系数 $f_u$ 和 $f_d$

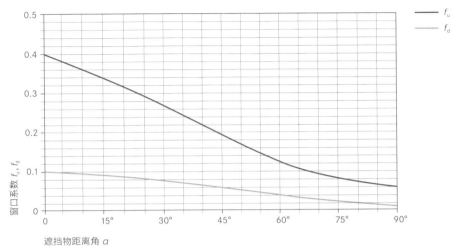

## 反射率 ρ

| 材料种类 | | 反射面颜色 | | 天然材料 | |
|---|---|---|---|---|---|
| 枫木、桦木 | 大约 0.6 | 白色 | 0.75~0.85 | 潮湿的土壤 | 大约 0.07 |
| 浅色光面橡木 | 0.25~0.35 | 浅灰色 | 0.4~0.6 | 深绿色草地 | 0.04~0.06 |
| 深色光面橡木 | 0.1~0.15 | 中灰色 | 0.25~0.35 | 普通植被 | 0.25~0.35 |
| 奶油色刨花板 | 0.5~0.6 | 浅蓝色 | 0.4~0.5 | 新雪 | 0.75 |
| 花岗石 | 0.2~0.25 | 深蓝色 | 0.15~0.2 | 陈雪 | 0.65 |
| 砂岩石 | 0.2~0.4 | 浅绿色 | 0.45~0.55 | 自然状态下的皮肤 | 大约 0.45 |
| 石灰石 | 0.35~0.55 | 深绿色 | 0.15~0.2 | | |
| 抛光大理石 | 0.3~0.7 | 浅黄色 | 0.6~0.7 | | |
| 浅色抹灰 | 0.4~0.45 | 棕色 | 0.2~0.3 | | |
| 石膏抹面 | 大约 0.8 | 粉红色 | 0.45~0.55 | | |
| 没刷漆的胶合板 | 0.25~0.4 | 深红色 | 0.15~0.2 | | |
| 水泥、混凝土裸面 | 0.2~0.3 | | | | |
| 新的红色砖或瓦 | 0.1~0.15 | | | | |

## 采光系数 *DF* 计算示例

### E 0. 房间的几何形状
详见示意图

#### 水平角
$\beta_{wil} = 20°$
$\beta_{wir} = 35°$
$\beta_{or1} = 10°$
$\beta_{or2} = 15°$

#### 垂直角
$\varepsilon_{ob} = 35°$
$\varepsilon_{wi} = 40°$

#### 表面积
内墙面积：
$(2 \times 4.3 \times 2.7) + (2 \times 6.1 \times 2.7) - (2.4 \times 1.6) = 52.3 m^2$
地面面积：$4.3 \times 6.1 = 26.2 \ m^2$
顶面面积：$26.2 \ m^2$
合计 $A_R$：$104.7 \ m^2$
窗户面积 $A_{wi}$：$2.4 \times 1.6 = 3.8 \ m^2$
合计：$108.5 \ m^2$

#### 反射率 $\rho$
墙面：$\rho_w = 0.9$
地面：$\rho_f = 0.5$
顶面：$\rho_c = 0.8$
窗户：$\rho_{wi} = 0.1$
遮挡物：$\rho = 0.15$

### F 在瓦尔德拉姆（Waldram）图中数出 $n_{dl}$, $n_{ob}$ 的数量
$n_{dl} \approx 61$个方格
$n_{ob} \approx 28$个方格
详见 210 页

#### 1. 计算天空分量 *SC*, 直射光
$SC = n_{dl} \cdot 0.05 = 0.05 \times 61 = 3.05 \ [\%]$

#### 2. 计算外部反射分量 *ERC*
$ERC = n_{ob} \cdot 0.05 \cdot \rho = 0.05 \times 28 \times 0.15 = 0.21 \ [\%]$

#### 3. 计算内部反射分量 *IRC*
$IRC = \dfrac{A_{wi}}{A_R} \cdot \dfrac{1}{(1-\rho_m)} \cdot (f_u \cdot \rho_{fw} + f_d \cdot \rho_{cw}) = A_{wi}/A_R = 3.8/104.7 = 0.036 \ [\%]$

$\rho_m = (0.9 \times 52.3 + 0.5 \times 26.2 + 0.8 \times 26.2 + 0.1 \times 3.8)/108.5 = 0.75$
$\rho_{fw} = (0.9 \times 24.75 + 0.5 \times 26.2)/51.0 = 0.69$
$\rho_{cw} = (0.9 \times 19.8 + 0.8 \times 26.2)/46.0 = 0.84$

#### 障碍物距离角 $\alpha$
$\alpha = 45°$ → 窗口系数

#### → 从图表中读出 $f_u$ 和 $f_d$ "窗口系数"
$f_u = 0.19$
$f_d = 0.06$
详见 211 页

#### 内部反射分量 *IRC*
$IRC = 0.036 \times 1/(1-0.75) \times (0.19 \times 0.69 + 0.06 \times 0.84) = 0.026$

#### 4. 玻璃窗的可见光透射比
$\tau_v = 0.8$

#### 5. 衰减系数
窗框 $K_1 = 0.85$
玻璃的脏污折减系数 $K_2 = 0.75$

#### 6. 采光系数
$DF = (SC + ERC + IRC) \cdot \tau_v \cdot K_1 \cdot K_2 \ [\%]$
$DF = (3.05 + 0.21 + 0.026) \times 0.8 \times 0.85 \times 0.75 = 1.67 \ [\%]$

## E 0. 房间的几何结构

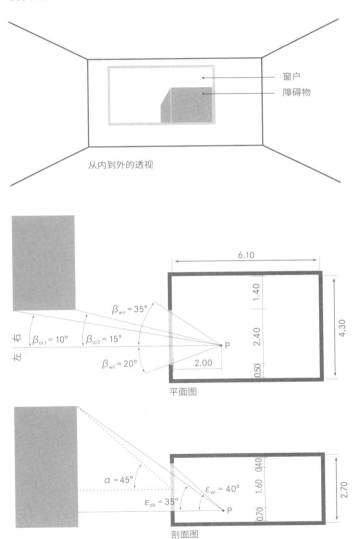

窗户
障碍物

从内到外的透视

6.10

1.40

2.40

4.30

0.50

$\beta_{wir} = 35°$

$\beta_{or1} = 10°$ $\beta_{or2} = 15°$

右

左

$\beta_{wil} = 20°$

2.00

P

平面图

0.40

1.60

2.70

0.70

$\alpha = 45°$

$\varepsilon_{wi} = 40°$

$\varepsilon_{ob} = 35°$

P

剖面图

P: 为计算采光系数 *DF* 设置的室内点 P
注意: 插图无比例

## F 瓦尔德拉姆（Waldram）图
标记窗户和室外表面正对的障碍物

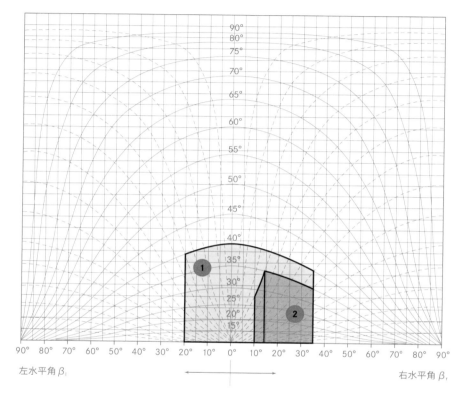

计数 $n_{dl}$, $n_{ob}$

1　$n_{dl} \approx 61$ 个方格

2　$n_{ob} \approx 28$ 个方格

## 窗口系数 $f_d$ 和 $f_u$

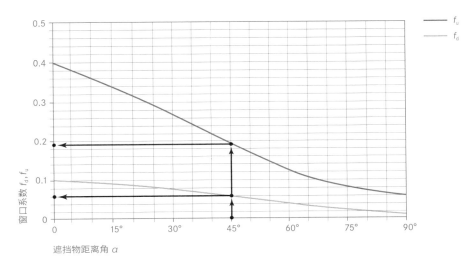

遮挡物距离角 $\alpha$

## 示例

$\alpha = 45°$

$\rightarrow f_u = 0.19$

$\rightarrow f_d = 0.06$

# EFFECT AND AVAILABILITY OF DAYLIGHT
# 日光的影响和可用性

## 目的
在确保身心健康的前提下:
减少人工照明, 节省照明用电
降低制冷负荷

## 可利用性
阴天和多云是许多国家最常见的天气。
因此, 日光对减少人工照明的贡献是有限的。

## A 利用日光减少人工照明
南、北、东、西向的曲线显示:

当 $f \cdot \tau_v$ = 0.15~0.25 时, 可充分利用日光的潜力, 减少人工照明, 最大利用限度大约在 35%。

其中
$f$: 立面的玻璃比例 [–]
$\tau_v$: 玻璃的可见光透射比 [–]

## B 在不同的采光系数 $DF$ 和所需照度 $E$ 下, 单纯使用日光照明的工作时间百分比

任何的采光需求, 都是基于可利用的日光强度的频率分布和每日的工作时间
冬季: 07: 00~17: 00 (中欧时间)
夏季: 08: 00~18: 00 (中欧时间)

## 日光的贡献
其贡献主要取决于玻璃的比例 $f$ 和可见光透射比 $\tau_v$。

## 示例
当照度要求 $E$ = 500 lx, 采光系数 $DF$ 有以下情况:
$DF$ = 2%: 无法满足照度要求
$DF$ = 5%: 最多 50% 的时间满足要求
$DF$ = 12%: 最多 83% 的时间满足要求

安装带有智能控制的人工照明, 功率大约12W/m², 每年按工作时间 2,000 小时计算:
$DF$ = 2%: 无效果
$DF$ = 5%: 约 12kWh/(m²·a), 相当于 2.20 瑞士法郎/(m²·a)
$DF$ = 12%: 约 20kWh/(m²·a), 相当于 3.6 瑞士法郎/(m²·a)
(1 kW/h折合瑞士法郎 0.18 元; 2007 年)

采光系数从 2% 提高到 5% 可节省约 2.20 瑞士法郎/(m²·a)。

这种关系不是线性的, 有一个下限, 在 500lx 的照度下, $DF$ 约为 3%。
以上情况均没有考虑使用遮阳和由此产生的采光系数 $DF$ 的减少。

**A 利用日光减少人工照明**

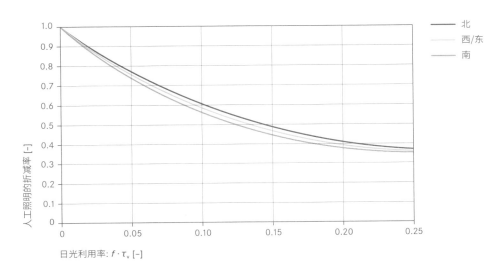

人工照明的折减率 [-]

日光利用率: $f \cdot \tau_v$ [-]

北
西/东
南

**B 在不同的采光系数 *DF* 和所需照度 *E* 下, 仅利用日光的工作时间百分比**

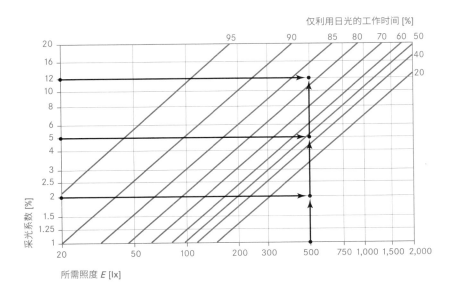

仅利用日光的工作时间 [%]

采光系数 [%]

所需照度 *E* [lx]

## DESIGN PRINCIPLES FOR GOOD DAYLIGHTING
## 良好采光的设计原理

1. 受侧向日光影响的房间的最大光通量 $\Phi$ 与房间高度和立面开窗大小有关。

2. 房间高度和进深之比基本确定了该房间的采光效果。

3. 在没有其他措施的情况下，并且在标准高度的房间里，日光在离窗 6 米的范围内是有效的。

4. 窗户在外墙上的位置越高，采光效果越好。窗过梁也应尽可能小。

5. 桌面以下的窗户对采光的贡献不大，而桌面以下的窗户面积会增加采暖或制冷负荷。

6. 室内表面应尽可能保持明亮。对照相关要求，建议采用以下反射率：
顶面：80%~90%
墙面：40%~60%
家电设备：25%~45%
地面：20%~40%

7. 低遮挡物不会影响窗户附近的采光，但会影响房间深处的采光。

8. 天窗是一种特别有效的日光来源，但应考虑设置遮阳来阻挡热辐射，以防止夏季过热。

9. 固定的、预制的遮阳构件，如遮光板、阳台等，会减少采光系数 DF 的平均值。
详见201页 图表
它们主要对水平日光分量有影响，主要影响了来自天空的直射光，即窗户附近的采光系数 DF。
对垂直日光分量以及房间深处的影响要小得多。
这减少了窗户附近和房间的深处采光系数 DF 的差异。

10. 玻璃中庭通常对中庭里房间的采光产生不好的影响。
高遮挡角降低约 2:3 的垂直日光分量，特别影响房间进深的采光。
由于受玻璃顶面的污垢和结构构件的影响，玻璃屋顶还会进一步减少水平日光分量。

## 采光系数

白色外百叶遮阳，百叶不同角度对室内不同进深的采光影响。

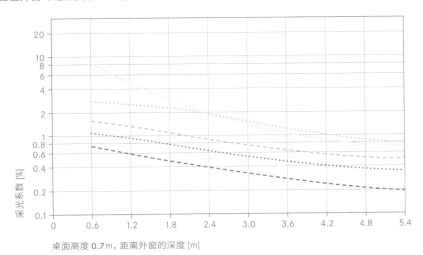

桌面高度 0.7m，距离外窗的深度 [m]

———— 防晒玻璃窗，可见光透射比 τ, 约为 40%，无百叶窗

· · · · · · 遮阳帘片角度 0°（水平）

– – – 遮阳帘片角度 30°

• • • • • • 遮阳帘片角度 45°

– ▪ – ▪ 遮阳帘片角度 60°

## 自然光的情绪效应

| 级别 | 采光系数 | 采光影响 | 室内亮度 | 心境感觉 |
|---|---|---|---|---|
| I | < 1<br><br>1~2 | 小 | 黑<br>到<br>暗 | 平静的<br>与外界隔开<br>独自的 |
| II | 2~4<br><br>4~7 | 中<br>到<br>大 | 暗<br>到<br>明亮 | 渐渐感到与外界有联系 |
| III | 7~12<br><br>> 12 | 大<br>到<br>很大 | 明亮<br>到<br>炫目 | 感到提神，有精神<br>空间开放<br>与外界有联系 |

# GREEK ALPHABET  希腊字母表

Greek letters  希腊字母

| A | α | Alpha |
|---|---|---|
| B | β | Beta |
| Γ | γ | Gamma |
| Δ | δ | Delta |
| E | ε | Epsilon |
| Z | ζ | Zeta |
| H | η | Eta |
| Θ | θ | Theta |
| I | ι | Iota |
| K | κ | Kappa |
| Λ | λ | Lambda |
| M | μ | Mu |
| N | ν | Nu |
| Ξ | ξ | Xi |
| O | ο | Omicron |
| Π | π | Pi |
| P | ρ | Rho |
| Σ | σ | Sigma |
| T | τ | Tau |
| Υ | υ | Upsilon |
| Φ | φ | Phi |
| X | χ | Chi |
| Ψ | ψ | Psi |
| Ω | ω | Omega |

## SYMBOLS AND UNITS 符号和单位

数字单位及名称对照表

| 数字 | 单位 | 名称 |
|---|---|---|
| $10^{-18}$ | a | 阿 [托] |
| $10^{-15}$ | f | 飞 [母托] |
| $10^{-12}$ | p | 皮 [可] |
| $10^{-9}$ | n | 钠 [诺] |
| $10^{-6}$ | µ | 微 |
| $10^{-3}$ | m | 毫 |
| $10^{-2}$ | c | 厘 |
| $10^{-1}$ | d | 分 |
| $10^{1}$ | da | 十 |
| $10^{2}$ | h | 百 |
| $10^{3}$ | k | 千 |
| $10^{6}$ | M | 兆 |
| $10^{9}$ | G | 吉[咖] |
| $10^{12}$ | T | 太[拉] |
| $10^{15}$ | P | 拍[它] |
| $10^{18}$ | E | 艾[可萨] |

注: [ ] 内的字, 是在不引起混淆的情况下可以省略的字。

Conversion of Imperial units
英制单位的换算

| Length 长度 | inch 英寸 | 1 in = 2.54 cm |
|---|---|---|
| | foot 英尺 | 1 ft = 12 in = 0.3048 m |
| | yard 码 | 1 yd = 3 ft = 0.9144 m |
| | mile 英里 | 1 mile = 1,760 yd = 1,609 m |
| Area 面积 | square foot 平方英尺 | 1 ft² = 0.0929 m² |
| Mass 质量 | ounce 盎司 | 1 oz = 28.3495 g |
| | pound 磅 | 1 lb = 16 oz = 0.4536 kg |
| Energy 能量 | Btu 焓 | 1 Btu = 1.05506 kJ |
| Power 功率 | Btu/h 焓/小时 | 1 Btu/h = 0.293 W |
| Thermal conductivity 导热系数 | Btu/h·ft 焓/(小时·英尺) | Btu/(h·ft) = 1.7306 W/(m·K) |
| Heat flux density 热流强度 | Btu/h·ft² 焓/(小时·平方英尺) | 1 Btu/(h·ft²) = 3.155 W/m² |
| Heat transfer coefficient 传热系数 | Btu/h·ft²·F 焓/(小时·平方英尺·华氏度) | 1 Btu/(h·ft²·F) = 5.674 W/(m²·K) |
| velocity 速度 | fpm 英尺/分钟 | 1 ft/min = 0.00508 m/s |
| air flow 空气流量 | cfm 立方英尺/分钟 | 1 ft³/min = 0.4719 lt/s |
| moisture 含湿量 | gr/lb 格令/磅 | 1 gr/lb = 0.143 g/kg |
| pressure 压力 | lb/ft² 磅/平方英尺 | lb/ft² = 47.9 Pa |
| Temperature 温度 | Fahrenheit 华氏度 | °F = 1.8 x °C + 32 °C = (°F – 32) x 5/9 |

Work, energy, heat quantity
功、能量、热量

|  | J (= N·m) | MJ | kWh | kcal | Btu |
|---|---|---|---|---|---|
| **J (= N·m)** | 1 | $10^{-6}$ | $0.278 \times 10^{-6}$ | $0.239 \times 10^{-3}$ | $0.9478134 \times 10^{-3}$ |
| **MJ** | $10^{6}$ | 1 | 0.278 | 238.663 | $0.9478134 \times 10^{3}$ |
| **kWh** | $3.6 \times 10^{6}$ | 3.6 | 1 | 862 | 3,412.128 |
| **kcal** | $4.19 \times 10^{3}$ | $4.19 \times 10^{-3}$ | $1.16 \times 10^{-3}$ | 1 | 3.968305 |
| **Btu** | $1.05506 \times 10^{3}$ | $1.00506 \times 10^{-3}$ | 0.0002930722 | 0.2519968 | 1 |

Power, heat flow
功率、热流量

|  | W (= J/s) | kW | PS | kcal/h | Btu/h |
|---|---|---|---|---|---|
| **W (= J/s)** | 1 | $10^{-3}$ | $1.36 \times 10^{-3}$ | 0.860 | 3.413 |
| **kW** | $10^{3}$ | 1 | 1.36 | 860 | $3.413 \times 10^{3}$ |
| **PS** | $0.735 \times 10^{3}$ | 0.735 | 1 | 632 | $0.398 \times 10^{-3}$ |
| **kcal/h** | 1.16 | $1.16 \times 10^{-3}$ | $1.5 \times 10^{-3}$ | 1 | 0.253 |
| **Btu/h** | 0.293 | $0.293 \times 10^{-3}$ | $2.508 \times 10^{3}$ | 3.959 | 1 |

Water vapour conductivity
水蒸气渗透系数

|  | mg/(m·h·Pa) | kg/(m·s·Pa) | g/(m·h·Torr) |
|---|---|---|---|
| **mg/(m·h·Pa)** | 1 | $0.278 \times 10^{-9}$ | 0.133 |
| **kg/(m·s·Pa)** | 7.5 | $2.08 \times 10^{-9}$ | 1 |
| **g/(m·h·Torr)** | $3.6 \times 10^{9}$ | 1 | $0.48 \times 10^{9}$ |

Pressure, mechanical tension
压强

|  | Pa = N/m² = kg/(m·s²) | bar | mm WS (= $10^{-4}$at) | Torr (mm Hg) |
|---|---|---|---|---|
| **Pa = N/m² = kg/(m·s²)** | 1 | $10^{-5}$ | 0.102 | $750 \times 10^{-5}$ |
| **bar** | $10^{5}$ | 1 | $0.102 \times 10^{5}$ | 750 |
| **mm WS (= $10^{-4}$at)** | 9.81 | $9.81 \times 10^{-5}$ | 1 | $736 \times 10^{4}$ |
| **Torr (mm Hg)** | 133 | $133 \times 10^{-5}$ | 13.6 | 1 |

## PHYSICAL QUANTITIES
## 物理量

采用国际通用的SI单位和缩写（括号内为瑞士标准SIA使用的术语）

| Name 名称 | Description 描述 | Equation 公式 | Symbol 符号 | Units 单位 |
|---|---|---|---|---|
| Length, width, height, depth 长度、宽度、高度、深度 | | | $l, w, h, d$ | m (metre) (mm = $10^{-3}$ m) |
| Area 面积 | | $A = l \cdot w$ | $A$ | $m^2$ |
| Volume 容积 | | $V = l \cdot w \cdot h$ | $V$ | $m^3$ |
| Mass 质量 | | | $m$ | kg (g, tons) |
| Density (bulk density, gross density) 密度（容积密度、总密度） | 质量/容积 | $\rho = m/V$ | $\rho$ | $kg/m^3$ |
| Force 力 | | | $F$ | N (newton = $m \cdot kg/s^2$) |
| Heat (energy) 热能 | | | $Q$ | J (joule = N·m), kJ, MJ |
| Power 功率 | | | $P, \dot{Q}$ | W (watt = J/s), kW, MW |
| Pressure 压强 | 单位面积受力 | $p = F/A$ | $p$ | Pa (pascal = $N/m^2$), 1 bar = 100,000 Pa |
| Temperature 温度 | | | $\theta, T$ | K (kelvin) °C (degree celsius) |
| Heat conductivity 导热系数 | 材料属性 | $\lambda = \dot{Q} \cdot d/(A \cdot \Delta\theta)$ | $\lambda$ | W/(m·K) |
| Specific heat capacity 比热 | 材料属性 | $c = Q/(m \cdot \Delta\theta)$ | $c$ | J/(kg·K) |
| Absolute humidity 绝对湿度 | 水蒸气分压力 | | $p$ | Pa |
| | 饱和水蒸气分压力 | | $p_{sat}$ | Pa |
| | 空气中的水蒸气含量 | | $v$ | $g/m^3$ |
| | 饱和空气中的水蒸气含量 | | $v_{sat}$ | $g/m^3$ |
| Relative humidity of air 空气相对湿度 | 现有绝对湿度与饱和湿度的关系 | $\varphi = p/p_{sat}$ $\varphi = v/v_{sat}$ | $\varphi$ | % |
| Moisture content of materials 材料含水量 | 单位含水量 | $m_w/m$ | $f$ | g/kg; $g/m^3$ |

## QUANTITY EQUIVALENTS OF ENERGY SOURCES
## 能源当量

不考虑效率

| Unit 单位 | Energy source 能源 | MJ | kg 煤炭 | kg 燃油 EL H₀ | l 燃油 EL H₀ | kg 液态燃气（丙烷、丁烷） | m³ 天然气 H₀（苏黎世） | m³ 天然气 H₀（苏黎世） | kWh 电力 | kg 木材（风干） | kg 木屑 | kg 木质颗粒 |
|---|---|---|---|---|---|---|---|---|---|---|---|---|
| 1 kg | Coal 煤炭 | 29.3 | 1.00 | 0.69 | 0.82 | 0.64 | 0.78 | 0.87 | 8.14 | 1.89 | 2.42 | 1.63 |
| 1 kg | Fuel oil EL H₀ 燃油 EL H₀ | 38.1 | 1.30 | 1.00 | 1.06 | 0.82 | 0.89 | 1.12 | 10.56 | 2.36 | 3.15 | 2.11 |
| 1 l | Fuel oil EL Hᵤ 燃油 EL Hᵤ | 35.9 | 1.23 | 0.84 | 1.00 | 0.78 | 0.95 | 1.06 | 9.97 | 2.32 | 2.97 | 1.99 |
| 1 kg | Liquid gas (propane, butane) 液态燃气（丙烷、丁烷） | 46.0 | 1.57 | 1.08 | 1.28 | 1.00 | 1.22 | 1.36 | 12.78 | 2.97 | 3.80 | 2.56 |
| 1 m³ | Natural gas H₀ (Zurich) 天然气 H₀（苏黎世） | 37.6 | 1.28 | 0.88 | 1.05 | 0.82 | 1.00 | 1.11 | 10.44 | 2.43 | 3.11 | 2.09 |
| 1 m³ | Natural gas (Zurich) 天然气 Hᵤ（苏黎世） | 33.8 | 1.15 | 0.79 | 0.94 | 0.73 | 0.90 | 1.00 | 9.39 | 2.18 | 2.79 | 1.88 |
| 1 kWh | Electricity 电力 | 3.6 | 0.12 | 0.08 | 0.10 | 0.08 | 0.10 | 0.11 | 1.00 | 0.23 | 0.30 | 0.20 |
| 1 kg | Wood (air-dried) 木材（风干） | 15.5 | 0.53 | 0.36 | 0.43 | 0.34 | 0.41 | 0.46 | 4.31 | 1.00 | 1.28 | 0.86 |
| 1 kg | Wood chips 木屑 | 12.1 | 0.41 | 0.28 | 0.34 | 0.26 | 0.32 | 0.36 | 3.36 | 0.78 | 1.00 | 0.67 |
| 1 kg | Wood pellets 木质颗粒 | 18.0 | 0.61 | 0.42 | 0.50 | 0.39 | 0.48 | 0.53 | 5.00 | 1.16 | 1.49 | 1.00 |

所有计算均以 1982 年 SIA 180/4 为基础，并参考较低的热值 $H_u$（燃油和天然气除外）。

## CHARACTERISTIC VALUES OF BUILDING MATERIALS
## 建筑材料的特性参数

SN EN 12524 之后；2000 (SIA 381.101; 2000)

| 材料类别和性能 | 毛密度 $\rho$ | 导热系数 $\lambda$ | 比热 $c_p$ | 空气与材料的蒸汽渗透系数比 $\mu$ | |
|---|---|---|---|---|---|
| | [kg/m³] | [W/(m·K)] | [J/(kg·K)] | [–], 干 | [–], 湿 |

Soil 土壤

| | | | | | |
|---|---|---|---|---|---|
| Clay or slush or silt 黏土、泥浆 | 1,200~1,800 | 1.5 | 1,670~2,500 | 50 | 50 |
| Sand and gravel 砂石 | 1,700~2,200 | 2.0 | 910~1,180 | 50 | 50 |

Rock 岩石

| | | | | | |
|---|---|---|---|---|---|
| Cristalline rock 云母岩 | 2,800 | 3.5 | 1,000 | 10,000 | 10,000 |
| Sedimentary rock 沉积岩 | 2,600 | 2.3 | 1,000 | 250 | 200 |
| Light sedimentary rock 轻质沉积岩 | 1,500 | 0.85 | 1,000 | 30 | 20 |
| Porous rock, e.g. lava 多孔岩，如熔岩 | 1,600 | 0.55 | 1,000 | 20 | 15 |
| Basalt 玄武岩 | 2,700~3,000 | 3.5 | 1,000 | 10,000 | 10,000 |
| Gneiss 片麻岩 | 2,400~2,700 | 3.5 | 1,000 | 10,000 | 10,000 |
| Granite 花岗岩 | 2,500~2,700 | 2.8 | 1,000 | 10,000 | 10,000 |
| Marble 大理石 | 2,800 | 3.5 | 1,000 | 10,000 | 10,000 |
| Slate 板岩 | 2,000~2,800 | 2.2 | 1,000 | 1,000 | 800 |
| Limestone, extra soft 超软质石灰石 | 1,600 | 0.85 | 1,000 | 30 | 20 |
| Limestone, soft 软质石灰石 | 1,800 | 1.1 | 1,000 | 40 | 25 |
| Limestone, semi-hard 半硬质石灰石 | 2,000 | 1.4 | 1,000 | 50 | 40 |
| Limestone, hard 硬质石灰石 | 2,200 | 1.7 | 1,000 | 200 | 150 |
| Limestone, extra-hard 超硬质石灰石 | 2,600 | 2.3 | 1,000 | 250 | 200 |
| Sandstone (quartzite) 砂岩(石英岩) | 2,600 | 2.3 | 1,000 | 40 | 30 |
| Natural pumice 天然浮石 | 400 | 0.12 | 1,000 | 8 | 6 |
| Artificial stone 人造石材 | 1,750 | 1.3 | 1,000 | 50 | 40 |

Concrete* 混凝土*

| | | | | | |
|---|---|---|---|---|---|
| Average gross density 平均总密度 | 1,800 | 1.15 | 1,000 | 100 | 60 |
| | 2,000 | 1.35 | 1,000 | 100 | 60 |
| | 2,200 | 1.65 | 1,000 | 120 | 70 |
| High gross density 高毛密度 | 2,400 | 2.00 | 1,000 | 130 | 80 |
| Reinforced (1% steel) 加强型 (1%钢) | 2,300 | 2.3 | 1,000 | 130 | 80 |
| Reinforced (2% steel) 加强型 (2%钢) | 2,400 | 2.5 | 1,000 | 130 | 80 |

* 混凝土的总密度以干总密度表示。

| 材料类别和性能 | 毛密度 $\rho$ | 导热系数 $\lambda$ | 比热 $c_p$ | 空气与材料的蒸汽渗透系数比 $\mu$ | |
|---|---|---|---|---|---|
| | [kg/m³] | [W/(m·K)] | [J/(kg·K)] | [–], 干 | [–], 湿 |

Masonry unplastered　无抹灰的砌体墙

| 材料 | 毛密度 | 导热系数 | 比热 | 干 | 湿 |
|---|---|---|---|---|---|
| MB, modular brick 模块砖砌体 | 1,100 | 0.44 | 940 | 6 | 4 |
| MBD, bond modular brick 成品模块砖砌体 | 1,100 | 0.37 | 940 | 6 | 4 |
| MBLD, light brick (according to specific manufacturer's declaration) 成品轻质砖砌体（详见具体制造商产品说明） | 780~850 | 0.11~0.12 | 940 | 6 | 4 |
| | 680~750 | 0.10~0.11 | 940 | 6 | 4 |
| | 620~680 | 0.09~0.10 | 940 | 6 | 4 |
| MBLD, bond light brick 轻质砌砖（例如 Optitherm™） | 1,200 | 0.165 | 940 | 6 | 4 |
| MBLD, bond light brick 轻质砌砖（例如 Optitop™） | 1,150 | 0.12 | 940 | 6 | 4 |
| HTI brick high temperature insulating brick 高温耐火砖 | 1,200 | 0.47 | 940 | 6 | 4 |
| MBD, face brick 成品饰面砖砌体 | 1,400 | 0.52 | 940 | 8 | 6 |
| MBD, clinker brick 烧结砖 | 1,800 | 1.8 | 940 | 100 | |
| MB, full brick 全砖砌体 | 1,800 | 0.8 | 940 | 10 | 8 |
| Hearthstone 炉底石，砌炉的石头 | 1,800 | 0.80 | 900 | 10 | 8 |
| Sand-lime brick 灰砂砖 | 1,600 | 0.80 | 900 | 25 | 10 |
| | 1,800 | 1.00 | 900 | 25 | 10 |
| | 2,000 | 1.10 | 900 | 25 | 10 |
| Cement brick 水泥砖 | 2,000 | 1.10 | 1,000 | 15 | 10 |
| Cement block 水泥砌块 | 1,200 | 0.70 | 1,000 | 15 | 10 |
| Breeze block 加气混凝土砌块 | 300 | 0.10 | 1,000 | 10 | 5 |
| | 400 | 0.13 | 1,000 | 10 | 5 |
| | 500 | 0.16 | 1,000 | 10 | 5 |
| | 600 | 0.19 | 1,000 | 10 | 5 |

Roofing tiles　屋面瓦

| 材料 | 毛密度 | 导热系数 | 比热 | 干 | 湿 |
|---|---|---|---|---|---|
| Clay 黏土 | 2,000 | 1.0 | 800 | 40 | 30 |
| Concrete 混凝土 | 2,100 | 1.5 | 1,000 | 100 | 60 |

MB: 砖石、砖块
MBL: 砖石、轻质砖
D: 成品砖砌体

| 材料类别和性能 | 毛密度 $\rho$ | 导热系数 $\lambda$ | 比热 $c_p$ | 空气与材料的<br>蒸汽渗透系数比 $\mu$ | |
|---|---|---|---|---|---|
| | [kg/m³] | [W/(m · K)] | [J/(kg · K)] | [–], 干 | [–], 湿 |
| **Gypsum 石膏** | | | | | |
| Gypsum 石膏 | 600 | 0.18 | 1,000 | 10 | 4 |
| Gypsum 石膏 | 900 | 0.30 | 1,000 | 10 | 4 |
| Gypsum 石膏 | 1,200 | 0.43 | 1,000 | 10 | 4 |
| Gypsum 石膏 | 1,500 | 0.56 | 1,000 | 10 | 4 |
| Gypsum plasterboard** 石膏板** | 900 | 0.25 | 1,000 | 10 | 4 |
| **Plasters and mortars 石膏和灰浆** | | | | | |
| Stucco, insulating 绝缘灰泥 | 600 | 0.18 | 1,000 | 10 | 6 |
| Stucco 灰泥 | 1,000 | 0.40 | 1,000 | 10 | 6 |
| Stucco 灰泥 | 1,300 | 0.57 | 1,000 | 10 | 6 |
| Gypsum, sand 石膏、沙子 | 1,600 | 0.80 | 1,000 | 10 | 6 |
| Lime, sand 石灰、沙子 | 1,600 | 0.80 | 1,000 | 10 | 6 |
| Cement, sand 水泥、沙子 | 1,800 | 1.00 | 1,000 | 10 | 6 |
| **Plaster, mortar layers 石膏、砂浆层** | | | | | |
| Stucco, for standard computation<br>灰泥，用于标准计算 | 1,400 | 0.70 | 900 | 10 | 6 |
| Plaster, for standard computation<br>石膏，用于标准计算 | 1,800 | 0.87 | 1,000 | 35 | 15 |
| Insulating plaster, external<br>保温石膏（室外用） | 450 | 0.14 | 1,000 | 15 | 10 |
| Insulating plaster, external<br>石膏（室外用） | 300 | 0.08 | 1,000 | 15 | 10 |
| Lime mortar 石灰砂浆 | 1,800 | 0.87 | 1,000 | 35 | 15 |
| Lime cement mortar 混合砂浆 | 1,900 | 1.00 | 1,000 | 35 | 15 |
| Cement mortar 水泥砂浆 | 2,200 | 1.40 | 1,000 | 35 | 15 |
| Light mortar 轻质砂浆 | 450 | 0.16 | 1,000 | 20 | 5 |
| | 600 | 0.21 | 1,000 | 20 | 5 |
| | 900 | 0.32 | 1,000 | 20 | 5 |
| | 1,600 | 0.80 | 1,000 | 35 | 15 |

** 热通量包括纸张覆盖层的影响。

| 材料类别和性能 | 毛密度 $\rho$ | 导热系数 $\lambda$ | 比热 $c_p$ | 空气与材料的蒸汽渗透系数比 $\mu$ | |
|---|---|---|---|---|---|
| | [kg/m³] | [W/(m·K)] | [J/(kg·K)] | [−], 干 | [−], 湿 |

Timber*** 木材***

| | 500 | 0.13 | 1,600 | 50 | 20 |
|---|---|---|---|---|---|
| | 700 | 0.18 | 1,600 | 200 | 50 |

Timber-based materials 木质材料

|  | | | | | |
|---|---|---|---|---|---|
| Plywood panel**** 胶合板面板**** | 300 | 0.09 | 1,600 | 150 | 50 |
| | 500 | 0.13 | 1,600 | 200 | 70 |
| | 700 | 0.17 | 1,600 | 220 | 90 |
| | 1,000 | 0.24 | 1,600 | 250 | 110 |
| Cement-bound chipboard 水泥刨花板 | 1,200 | 0.23 | 1,500 | 50 | 30 |
| Chipboard 刨花板 | 300 | 0.10 | 1,700 | 50 | 10 |
| | 600 | 0.14 | 1,700 | 50 | 15 |
| | 900 | 0.18 | 1,700 | 50 | 20 |
| Chipboard, OSB board 刨花板、OSB | 650 | 0.13 | 1,700 | 50 | 30 |
| Fibreboard, including medium density fibreboard (MDF) 纤维板，包括中密度纤维板 (MDF) | 250 | 0.07 | 1,700 | 5 | 2 |
| | 400 | 0.10 | 1,700 | 10 | 5 |
| | 600 | 0.14 | 1,700 | 20 | 12 |
| | 800 | 0.18 | 1,700 | 30 | 20 |

\*** 木材和木质材料的毛密度是 20°C 及 65% 相对湿度条件下的平衡密度。

\**** 对于实木板 (SWP) 和指接板 (LVL)，如果制造商没有给出其他说明，可以使用胶合板的数值。

备注

1. 在计算中，∞ 值可以用一个随机数代替，如 106。

2. 水蒸气扩散阻力的数值是根据 prEN ISO 12572:1999 中定义的"干杯"和"湿杯程序"给出的。

| 材料类别和性能 | 毛密度 $\rho$ | 导热系数 $\lambda$ | 比热 $c_p$ | 空气与材料的蒸汽渗透系数比 $\mu$ |
|---|---|---|---|---|
| | [kg/m³] | [W/(m·K)] | [J/(kg·K)] | [–] |

Insulating materials 保温材料

| 材料类别和性能 | 毛密度 $\rho$ | 导热系数 $\lambda$ | 比热 $c_p$ | 空气与材料的蒸汽渗透系数比 $\mu$ |
|---|---|---|---|---|
| Rockwool (with or without paper)<br>岩棉（带纸或不带纸） | < 60 | 0.04 | 600 | 1~2 |
| | 60~120 | 0.036 | 600 | 1~2 |
| | > 120 | 0.04 | 600 | 1~2 |
| Mineral wool 矿棉 | 200~500 | 0.06 | 600 | 4~10 |
| Slag wool 熔渣绒 | 40~200 | 0.06 | 600 | 4~10 |
| Glass fibre 玻璃纤维 | 20~60 | 0.04 | 600 | 1~2 |
| | > 60 | 0.036 | 600 | 1~2 |
| Slag wool 矿渣棉 | 30~70 | 0.06 | 600 | 1 |
| Glass fibre and felts<br>玻璃纤维和毛毡 | < 12 | 0.046 | 600 | 1 |
| | 12~18 | 0.044 | 600 | 1 |
| | > 18 | 0.04 | 600 | 1 |
| Rockwool 岩棉 | 60~200 | 0.04 | 600 | 1 |
| Reed 芦苇、芦饰 | 200~300 | 0.06 | 600 | 1 |
| Coconut fibre 椰子纤维 | 50~200 | 0.05 | 600 | 1 |
| Hemp fibre 大麻纤维 | 50~200 | 0.05 | 600 | 1 |
| Cork, expanded 膨胀软木 | 110~140 | 0.042 | 1,500 | 5~30 |
| | 150~200 | 0.046 | 1,500 | 5~30 |
| Cork grit 软木颗粒 | 100~150 | 0.046 | 1,500 | 1 |
| Cork grit, natural 天然软木颗粒 | 80~160 | 0.06 | 1,500 | 1 |
| Cork grit, expanded 膨胀软木颗粒 | 40~60 | 0.042 | 1,500 | 1 |
| Foam glass 发泡玻璃 | < 125 | 0.044 | 800 | 气密 |
| | 130~150 | 0.048 | 800 | 气密 |
| Perlite, compressed with organic fibre<br>有机纤维压缩珍珠岩 | 170~200 | 0.06 | 600 | 1~2 |
| Perlite, vermiculite 珍珠岩、蛭石 | 50~130 | 0.07 | 600 | 1 |

| 材料类别和性能 | | 毛密度 $\rho$ | 导热系数 $\lambda$ | 比热 $c_p$ | 空气与材料的蒸汽渗透系数比 $\mu$ |
|---|---|---|---|---|---|
| | | [kg/m³] | [W/(m·K)] | [J/(kg·K)] | [–] |

Insulating materials 保温材料

| 材料类别和性能 | | 毛密度 $\rho$ | 导热系数 $\lambda$ | 比热 $c_p$ | 空气与材料的蒸汽渗透系数比 $\mu$ |
|---|---|---|---|---|---|
| Polystyrene, expanded 膨胀聚苯乙烯 | | 15~18 | 0.042 | 1,400 | 20~40 |
| | | 20~28 | 0.038 | 1,400 | 30~70 |
| | | > 30 | 0.036 | 1,400 | 40~100 |
| Polystyrene, extruded 聚苯乙烯，挤压成型 | | > 25 | 0.036 | 1,400 | 80~150 |
| Polystyrene, extruded, with skin 聚苯乙烯，挤压成型，带皮 | | > 30 | 0.034 | 1,400 | 80~300 |
| Polyurethane 聚氨 (PUR) | | 30~80 | 0.03 | 1,400 | 30~100 |
| Polyisocyanurate 聚异氰脲酸酯 (PIR) | | 35~80 | 0.03 | 1,400 | 30~100 |
| Polyethylene 聚乙烯 (PE) | | 30~50 | 0.05 | 1,400 | 400~2,000 |
| Urea-formaldehyde 脲醛 (UF) | | 6~50 | 0.046 | 1,400 | 2~10 |
| Phenol-formaldehyde 酚醛 (PF) | | 30~100 | 0.046 | 1,400 | 30~50 |
| Polyvinyl chloride 聚氯乙烯 (PVC) | | 20~40 | 0.038 | 1,400 | 240~700 |
| | | 50~100 | 0.044 | 1,400 | 150~300 |
| PU foam glass gravel 聚氨酯泡沫玻璃砾石 | | 200~300 | 0.045 | 1,400 | 30~50 |
| PU foam clay gravel 聚氨酯泡沫黏土砾石 | | 300~400 | 0.055 | 1,400 | 30~50 |

Gases 气体

| 材料类别和性能 | | 毛密度 $\rho$ | 导热系数 $\lambda$ | 比热 $c_p$ | 空气与材料的蒸汽渗透系数比 $\mu$ |
|---|---|---|---|---|---|
| Air, still 空气，静止 | | 1.23 | 0.025 | 1,008 | 1 |

Air layers, including radiation 空气层，包括辐射

| 材料类别和性能 | | 毛密度 $\rho$ | 导热系数 $\lambda$ | 比热 $c_p$ | 空气与材料的蒸汽渗透系数比 $\mu$ |
|---|---|---|---|---|---|
| Air, vertical layer 空气，垂直层 | 5 mm | 1.2 | 0.043 | 1,000 | 1.0 |
| | 10 mm | 1.2 | 0.065 | 1,000 | 1.0 |
| | 20 mm | 1.2 | 0.115 | 1,000 | 1.0 |
| | 40 mm | 1.2 | 0.221 | 1,000 | 1.0 |
| Air, horizontal layer heat flux from bottom to top 空气，水平层热流自下而上 | 10 mm | 1.2 | 0.072 | 1,000 | 1.0 |
| | 20 mm | 1.2 | 0.137 | 1,000 | 1.0 |
| | 50 mm | 1.2 | 0.307 | 1,000 | 1.0 |
| Air, horizontal layer heat flux from top to bottom 空气，水平层热流从上到下 | 10 mm | 1.2 | 0.061 | 1,000 | 1.0 |
| | 20 mm | 1.2 | 0.110 | 1,000 | 1.0 |
| | 50 mm | 1.2 | 0.243 | 1,000 | 1.0 |

| 材料类别和性能 | 毛密度 $\rho$ | 导热系数 $\lambda$ | 比热 $c_p$ | 空气与材料的蒸汽渗透系数比 $\mu$ | |
|---|---|---|---|---|---|
| | [kg/m³] | [W/(m·K)] | [J/(kg·K)] | [–], 干 | [–], 湿 |
| **Asphalt 柏油** | | | | | |
| | 2,100 | 0.70 | 1,000 | 50,000 | 50,000 |
| **Bitumen 沥青** | | | | | |
| Material 材料 | 1,050 | 0.17 | 1,000 | 50,000 | 50,000 |
| Membrane/film 膜/薄膜 | 1,100 | 0.23 | 1,000 | 50,000 | 50,000 |
| **Floor coverings 地板铺装** | | | | | |
| Synthetic material 合成材料 | 1,700 | 0.25 | 1,400 | 10,000 | 10,000 |
| Underlay, porous rubber or plastic 多孔橡胶或塑料垫层 | 270 | 0.10 | 1,400 | 10,000 | 10,000 |
| Felt underlay 毛毡垫层 | 120 | 0.05 | 1,300 | 20 | 15 |
| Wool underlay 羊毛垫层 | 200 | 0.06 | 1,300 | 20 | 15 |
| Cork underlay 软木垫层 | < 200 | 0.05 | 1,500 | 20 | 10 |
| Cork tile 软木地板 | > 400 | 0.065 | 1,500 | 40 | 20 |
| Carpet/carpet flooring 地毯/地毯铺设 | 200 | 0.06 | 1,300 | 5 | 5 |
| Linoleum 油毡 | 1,200 | 0.17 | 1,400 | 1,000 | 800 |
| Rubber 橡胶 | 1,200 | 0.17 | 1,400 | 10,000 | 10,000 |
| **Rubber 橡胶** | | | | | |
| Natural caoutchouc 天然橡胶 | 910 | 0.13 | 1,100 | 10,000 | 10,000 |
| Neoprene (polychloroprene) 氯丁橡胶(聚氯丁二烯) | 1,240 | 0.23 | 2,140 | 10,000 | 10,000 |
| Butyl rubber, (isobutene-isoprene rubber), hard/hot melted 丁基橡胶(异丁烯–异戊二烯橡胶),硬/热熔型 | 1,200 | 0.24 | 1,400 | 200,000 | 200,000 |
| Foam rubber 发泡橡胶 | 60~80 | 0.06 | 1,500 | 7,000 | 7,000 |
| Hard rubber (ebonite) 硬橡胶(硬化橡皮) | 1,200 | 0.17 | 1,400 | $\infty$ | $\infty$ |
| Ethylene-propylene-diene monomer (EPDM) 乙烯–丙烯–二烯单体(EPDM) | 1,150 | 0.25 | 1,000 | 6,000 | 6,000 |
| Polyisobutylene rubber 聚异丁烯橡胶 | 930 | 0.20 | 1,100 | 10,000 | 10,000 |
| Polysulphide 聚硫化物 | 1,700 | 0.40 | 1,000 | 10,000 | 10,000 |
| Butadiene 丁二烯 | 980 | 0.25 | 1,000 | 100,000 | 100,000 |

| 材料类别和性能 | 毛密度 $\rho$ | 导热系数 $\lambda$ | 比热 $c_p$ | 空气与材料的蒸汽渗透系数比 $\mu$ | |
|---|---|---|---|---|---|
| | [kg/m³] | [W/(m · K)] | [J/(kg · K)] | [-], 干 | [-], 湿 |

Tiles 瓷砖

| 材料类别和性能 | 毛密度 $\rho$ | 导热系数 $\lambda$ | 比热 $c_p$ | [-], 干 | [-], 湿 |
|---|---|---|---|---|---|
| Ceramic/porcelain 陶质/瓷质 | 2,300 | 1.3 | 840 | | |
| Synthetic material 合成材料 | 1,000 | 0.20 | 1,000 | 10,000 | 10,000 |

Bulk solid materials 散装固体材料

| 材料类别和性能 | 毛密度 $\rho$ | 导热系数 $\lambda$ | 比热 $c_p$ | [-], 干 | [-], 湿 |
|---|---|---|---|---|---|
| Acrylic 丙烯酸 | 1,050 | 0.20 | 1,500 | 10,000 | 10,000 |
| Polycarbonate 聚碳酸酯 | 1,200 | 0.20 | 1,200 | 5,000 | 5,000 |
| Teflon 特氟龙 (PTFE) | 2,200 | 0.25 | 1,000 | 10,000 | 10,000 |
| Polyvinyl chloride 聚氯乙烯 (PVC) | 1,390 | 0.17 | 900 | 50,000 | 50,000 |
| Polymethyl methacrylate 聚甲基丙烯酸甲酯 (PMMA) | 1,180 | 0.18 | 1,500 | 50,000 | 50,000 |
| Polyacetal 聚缩醛 | 1,410 | 0.30 | 1,400 | 100,000 | 100,000 |
| Polyamide 聚酰胺（尼龙） | 1,150 | 0.25 | 1,600 | 50,000 | 50,000 |
| Polyamide 6.6 with 25% glass fibres 聚酰胺 6.6，含 25% 玻璃纤维 | 1,450 | 0.30 | 1,600 | 50,000 | 50,000 |
| Polyethylene/high density 聚乙烯/高密度 | 980 | 0.50 | 1,800 | 100,000 | 100,000 |
| Polyethylene/low density 聚乙烯/低密度 | 920 | 0.33 | 2,200 | 100,000 | 100,000 |
| Polystyrene 聚苯乙烯 | 1,050 | 0.16 | 1,300 | 100,000 | 100,000 |
| Polypropylene 聚丙烯 (PP) | 910 | 0.22 | 1,800 | 10,000 | 10,000 |
| Polypropylene with 25% glass fibres 聚丙烯，含 25% 玻璃纤维 | 1,200 | 0.25 | 1,800 | 10,000 | 10,000 |
| Polyurethane 聚氨酯 (PU) | 1,200 | 0.25 | 1,800 | 6,000 | 6,000 |
| Epoxy resin 环氧树脂 | 1,200 | 0.20 | 1,400 | 10,000 | 10,000 |
| Phenol resin 酚醛树脂 | 1,300 | 0.30 | 1,700 | 100,000 | 100,000 |
| Polyester resin 聚酯树脂 | 1,400 | 0.19 | 1,200 | 10,000 | 10,000 |

| 材料类别和性能 | 毛密度 $\rho$ | 导热系数 $\lambda$ | 比热 $c_p$ | 空气与材料的蒸汽渗透系数比 $\mu$ | |
|---|---|---|---|---|---|
| | [kg/m³] | [W/(m · K)] | [J/(kg · K)] | [–], 干 | [–], 湿 |

Sealing materials and insulating separators 密封材料和绝缘分离剂

| | | | | | |
|---|---|---|---|---|---|
| Silica gel (desiccant)<br>硅胶 (干燥剂) | 720 | 0.13 | 1,000 | ∞ | ∞ |
| Silicone without extender<br>不含延长剂的硅胶 | 1,200 | 0.35 | 1,000 | 5,000 | 5,000 |
| Silicone with extender<br>含延长剂的硅胶 | 1,450 | 0.50 | 1,000 | 5,000 | 5,000 |
| Silicone foam<br>硅胶发泡 | 750 | 0.12 | 1,000 | 10,000 | 10,000 |
| Urethane/polyurethane foam (as insulating separator)<br>聚氨酯/聚氨酯泡沫 (作为绝缘分离剂) | 1,300 | 0.21 | 1,800 | 60 | 60 |
| Soft polyvinylchloride with 40% plasticizer<br>软质聚氯乙烯 (PVC-P), 增塑剂含量 40% | 1,200 | 0.14 | 1,000 | 100,000 | 100,000 |
| Elastomer seal foam, flexible<br>弹性密封泡沫, 柔性 | 60~80 | 0.05 | 1,500 | 10,000 | 10,000 |
| Polyurethane foam<br>聚氨酯泡沫 (PU) | 70 | 0.05 | 1,500 | 60 | 60 |
| Polyethylene foam<br>聚乙烯泡沫塑料 | 70 | 0.05 | 2,300 | 100 | 100 |

Glass 玻璃

| | | | | | |
|---|---|---|---|---|---|
| Sodium bicarbonate glass (including float glass)<br>碳酸氢钠玻璃 (包括浮法玻璃) | 2,500 | 1.00 | 750 | ∞ | ∞ |

| 材料类别和性能 | 毛密度 $\rho$ | 导热系数 $\lambda$ | 比热 $c_p$ | 空气与材料的蒸汽渗透系数比 $\mu$ | |
|---|---|---|---|---|---|
| | [kg/m³] | [W/(m·K)] | [J/(kg·K)] | [–], 干 | [–], 湿 |
| **Metals　金属** | | | | | |
| Aluminium alloy 铝合金 | 2,800 | 160 | 880 | ∞ | ∞ |
| Bronze　青铜 | 8,700 | 65 | 380 | ∞ | ∞ |
| Brass　黄铜 | 8,400 | 120 | 380 | ∞ | ∞ |
| Copper　铜 | 8,900 | 380 | 380 | ∞ | ∞ |
| Cast iron　铸铁 | 7,500 | 50 | 450 | ∞ | ∞ |
| Lead, plumbum　铅 | 11,300 | 35 | 130 | ∞ | ∞ |
| Steel　钢 | 7,800 | 50 | 450 | ∞ | ∞ |
| Stainless steel　不锈钢 | 7,900 | 17 | 460 | ∞ | ∞ |
| Zinc　锌 | 7,200 | 110 | 380 | ∞ | ∞ |
| **Water　水** | | | | | |
| Snow, just fallen (< 30 mm)<br>新雪(<30毫米) | 100 | 0.05 | 2,000 | | |
| Fresh snow, soft (3–70 mm)<br>软雪(3~70毫米) | 200 | 0.12 | 2,000 | | |
| Snow, slightly crusted over (7–100 mm)<br>陈雪(7~100毫米) | 300 | 0.23 | 2,000 | | |
| Snow, crusted over (< 200 mm)<br>陈雪(<200毫米) | 500 | 0.60 | 2,000 | | |
| Water, standing<br>积水 | | | | | |

## RADIATION BASED HEAT TRANSMITTANCE *RHT* AND TEMPERATURE TRANSMITTANCE *TT*
## 基于辐射的热渗透率 *RHT* 和温度透射率 *TT*

计算 *RHT* I, *RHT* II, *TT* I, *TT* II 数值的典型建筑 (材料和层次)

www.pinpoint-online.ch

| 材料及构造 | 材料厚度 d | 导热系数 λ | 比热 c | 密度 ρ | 换热阻 R | 传热系数 U |
|---|---|---|---|---|---|---|
| | [mm] | [W/(m·K)] | [J/(kg·K)] | [kg/m³] | [m²·K/W] | [W/(m²·K)] |

Single-leaf masonry 单层砌筑

| **1 Masonry, plastered 砌筑、抹灰** | | | | | | |
|---|---|---|---|---|---|---|
| Exterior 室外 | | | | | 0.04 | 1.83 |
| Plaster 灰泥 | 20 | 0.87 | 1,100 | 1,800 | 0 | |
| Brick 砖 | 150 | 0.44 | 900 | 1,100 | 0 | |
| Plaster 灰泥 | 10 | 0.6 | 1,100 | 1,800 | 0 | |
| Interior 室内 | | | | | 0.125 | |
| **2 Insulating bricks masonry 保温砖砌筑** | | | | | | |
| Exterior 室外 | | | | | 0.04 | 0.388 |
| Plaster 灰泥 | 20 | 0.87 | 1,100 | 1,800 | 0 | |
| Insulating bricks 保温砖, 例如 Optitherm™ | 475 | 0.2 | 900 | 1,100 | 0 | |
| Plaster 灰泥 | 10 | 0.6 | 1,100 | 1,800 | 0 | |
| Interior 室内 | | | | | 0.125 | |

Double-leaf masonry 双层砌筑

| **3 Facing masonry, brick 双层砖砌筑** | | | | | | |
|---|---|---|---|---|---|---|
| Exterior 室外 | | | | | 0.04 | 0.184 |
| Clay brick 黏土砖 | 120 | 0.44 | 900 | 1,100 | 0 | |
| Cavity, air layer 空腔空气层 | 50 | 0.2 | 1,000 | 1.2 | 0 | |
| Rockwool 岩棉 | 200 | 0.04 | 600 | 100 | 0 | |
| Clay brick 黏土砖 | 150 | 0.44 | 900 | 1,100 | 0 | |
| Interior 室内 | | | | | 0.125 | |
| **4 Facing masonry, sand-lime brick 双层砂灰砖砌筑** | | | | | | |
| Exterior 室外 | | | | | 0.04 | 0.191 |
| Sand-lime brick 砂灰砖 | 120 | 1 | 900 | 1,800 | 0 | |
| Cavity, air layer 空腔空气层 | 50 | 0.2 | 1,000 | 1.2 | 0 | |
| Rockwool 岩棉 | 200 | 0.04 | 600 | 100 | 0 | |
| Sand-lime brick 砂灰砖 | 150 | 1 | 900 | 1,800 | 0 | |
| Interior 室内 | | | | | 0.125 | |

| 材料及构造 | 材料厚度 $d$ [mm] | 导热系数 $\lambda$ [W/(m·K)] | 比热 $c$ [J/(kg·K)] | 密度 $\rho$ [kg/m³] | 换热阻 $R$ [m²·K/W] | 传热系数 $U$ [W/(m²·K)] |
|---|---|---|---|---|---|---|
| **Exterior insulation 外墙保温** | | | | | | |
| **5 Exterior insulation, polystyrene 聚苯乙烯外墙保温（黏土砖墙）** | | | | | | |
| Exterior 室外 | | | | | 0.04 | 0.198 |
| Plaster 灰泥 | 20 | 0.87 | 1,100 | 1,800 | 0 | |
| Polystyrene 聚苯乙烯 | 180 | 0.04 | 1,400 | 30 | 0 | |
| Clay brick 黏土砖 | 150 | 0.44 | 900 | 1,100 | 0 | |
| Plaster 灰泥 | 10 | 0.6 | 1,100 | 1,800 | 0 | |
| Interior 室内 | | | | | 0.125 | |
| **6 Exterior insulation, mineral wool, brick 岩棉外墙保温（黏土砖墙）** | | | | | | |
| Exterior 室外 | | | | | 0.04 | 0.198 |
| Plaster 灰泥 | 20 | 0.87 | 1,100 | 1,800 | 0 | |
| Rockwool 岩棉 | 180 | 0.04 | 600 | 100 | 0 | |
| Clay brick 黏土砖 | 150 | 0.44 | 900 | 1,100 | 0 | |
| Plaster 灰泥 | 10 | 0.6 | 1,100 | 1,800 | 0 | |
| Interior 室内 | | | | | 0.125 | |
| **7 Exterior insulation, mineral wool, sand-lime brick 岩棉外墙保温（砂灰砖墙）** | | | | | | |
| Exterior 室外 | | | | | 0.04 | 0.187 |
| Plaster 灰泥 | 20 | 0.87 | 1,100 | 1,800 | 0 | |
| Rockwool 岩棉 | 200 | 0.04 | 600 | 100 | 0 | |
| Sand-lime brick 黏土砖 | 150 | 1 | 900 | 1,800 | 0 | |
| Plaster 灰泥 | 10 | 0.6 | 1,100 | 1,800 | 0 | |
| Interior 室内 | | | | | 0.125 | |
| **Back-ventilated facade 背面通风的外墙** | | | | | | |
| **8 Sheet cladding, fibre cement 干挂纤维水泥板外墙** | | | | | | |
| Exterior 室外 | | | | | 0.04 | 0.184 |
| Fibre cement sheet 纤维水泥板 | 10 | 1.2 | 900 | 1,400 | 0 | |
| Air layer 空气层 | 50 | 0.2 | 1,000 | 1.2 | 0 | |
| Rockwool 岩棉 | 200 | 0.04 | 600 | 100 | 0 | |
| Clay brick 黏土砖 | 150 | 0.44 | 900 | 1,100 | 0 | |
| Plaster 灰泥 | 10 | 0.6 | 1,100 | 1,800 | 0 | |
| Interior 室内 | | | | | 0.125 | |

| 材料及构造 | 材料厚度 d | 导热系数 λ | 比热 c | 密度 ρ | 换热阻 R | 传热系数 U |
|---|---|---|---|---|---|---|
| | [mm] | [W/(m · K)] | [J/(kg · K)] | [kg/m³] | [m²· K/W] | [W/(m²·K)] |

Panel without back-ventilation 无背面通风的外墙

| 9 Metal sheet 金属板外墙 | | | | | | |
|---|---|---|---|---|---|---|
| Exterior 室外 | | | | | 0.04 | 0.194 |
| Aluminium sheet 铝板 | 3 | 220 | 900 | 2,700 | 0 | |
| Rockwool 岩棉 | 200 | 0.04 | 600 | 100 | 0 | |
| Steel sheet 钢板 | 2 | 55 | 500 | 7,850 | 0 | |
| Interior 室内 | | | | | 0.125 | |

Wood frame construction 木质框架结构

| 10 Wooden cladding, back-ventilated 带空气层的双层木板外墙 | | | | | | |
|---|---|---|---|---|---|---|
| Exterior 室外 | | | | | 0.04 | 0.191 |
| Wooden planks 木板 | 19 | 0.16 | 2,200 | 500 | 0 | |
| Air layer 空气层 | 40 | 0.2 | 1,000 | 1.2 | 0 | |
| Rockwool 岩棉 | 200 | 0.04 | 600 | 100 | 0 | |
| Wooden planks 木板 | 24 | 0.16 | 2,200 | 500 | 0 | |
| Interior 室内 | | | | | 0.125 | |

Interior insulation 外墙内保温

| 11 Fair-face concrete facade 清水混凝土外墙 | | | | | | |
|---|---|---|---|---|---|---|
| Exterior 室外 | | | | | 0.04 | 0.185 |
| Fair-face concrete 清水混凝土 | 200 | 1.8 | 1,100 | 2,400 | 0 | |
| Rockwool 岩棉 | 200 | 0.04 | 600 | 100 | 0 | |
| Wooden panelling 木质嵌板 | 22 | 0.16 | 2,200 | 500 | 0 | |
| Interior 室内 | | | | | 0.125 | |

| 12 Quarry stone facade 石料砌筑外墙 | | | | | | |
|---|---|---|---|---|---|---|
| Exterior 室外 | | | | | 0.04 | 0.186 |
| Quarry stone 石料 | 600 | 1 | 900 | 1,600 | 0 | |
| Rockwool 岩棉 | 180 | 0.04 | 600 | 100 | 0 | |
| Plasterboard 石膏板 | 25 | 0.21 | 800 | 900 | 0 | |
| Interior 室内 | | | | | 0.125 | |

| 材料及构造 | 材料厚度 d | 导热系数 λ | 比热 c | 密度 ρ | 换热阻 R | 传热系数 U |
|---|---|---|---|---|---|---|
| | [mm] | [W/(m·K)] | [J/(kg·K)] | [kg/m³] | [m²·K/W] | [W/(m²·K)] |

Interior insulation 外墙内保温

| **13 Quarry stone, plastered facade 石料抹灰外墙** | | | | | | |
|---|---|---|---|---|---|---|
| Exterior 外面 | | | | | 0.04 | 0.188 |
| Plaster 灰泥 | 20 | 0.87 | 1,100 | 1,800 | 0 | |
| Quarry stone masonry 石料砌筑 | 600 | 1 | 900 | 1,600 | 0 | |
| Rockwool 岩棉 | 180 | 0.04 | 600 | 100 | 0 | |
| Plaster 灰泥 | 20 | 0.6 | 1,100 | 1,800 | 0 | |
| Interior 室内 | | | | | 0.125 | |

Flat roof 平屋面

| **14 Flat roof, gravelled 碎石平屋面** | | | | | | |
|---|---|---|---|---|---|---|
| Exterior 室外 | | | | | 0.04 | 0.155 |
| Gravel 碎石 | 100 | 0.7 | 800 | 1,800 | 0 | |
| Polyurethane foam 聚氨酯泡沫 | 180 | 0.03 | 1,400 | 80 | 0 | |
| Concrete 钢筋混凝土 | 240 | 1.8 | 1,100 | 2,400 | 0 | |
| Interior 室内 | | | | | 0.125 | |

Pitched roof 坡屋面

| **15 Tile cladding 简瓦坡屋面** | | | | | | |
|---|---|---|---|---|---|---|
| Exterior 室外 | | | | | 0.04 | 0.192 |
| Tile 瓦片 | 50 | 0.5 | 900 | 1,400 | 0 | |
| Air layer 空气层 | 100 | 0.2 | 1,000 | 1.2 | 0 | |
| Rockwool 岩棉 | 200 | 0.04 | 600 | 100 | 0 | |
| Wooden cladding 木质覆层 | 19 | 0.16 | 2,200 | 500 | 0 | |
| Interior 室内 | | | | | 0.125 | |
| **16 Tile cladding, PAVATHERM 木质纤维保温瓦坡屋面** | | | | | | |
| Exterior 室外 | | | | | 0.04 | 0.168 |
| Tile 瓦片 | 50 | 0.5 | 900 | 1,400 | 0 | |
| Air layer 空气层 | 100 | 0.2 | 1,000 | 1.2 | 0 | |
| PAVATHERM 木纤维保温瓦层 | 30 | 0.04 | 600 | 100 | 0 | |
| Rockwool 岩棉 | 200 | 0.04 | 600 | 100 | 0 | |
| Wooden cladding 木质覆层 | 19 | 0.16 | 2,200 | 500 | 0 | |
| Interior 室内 | | | | | 0.125 | |

| 材料及构造 | 材料厚度 d | 导热系数 λ | 比热 c | 密度 ρ | 换热阻 R | 传热系数 U |
|---|---|---|---|---|---|---|
| | [mm] | [W/(m·K)] | [J/(kg·K)] | [kg/m³] | [m²·K/W] | [W/(m²·K)] |

Interior building components, floor slabs  室内建筑构件: 楼板

| 17 Reinforced concrete  17 钢筋混凝土 | | | | | | |
|---|---|---|---|---|---|---|
| Exterior  上面 | | | | | 0.167 | 2.140 |
| Reinforced concrete  钢筋混凝土 | 240 | 1.8 | 1,100 | 2,400 | 0 | |
| Interior  下面 | | | | | 0.167 | |

| 18 Reinforced concrete, with carpet  18 钢筋混凝土，铺地毯 | | | | | | |
|---|---|---|---|---|---|---|
| Exterior  上面 | | | | | 0.167 | 1.620 |
| Carpet  地毯 | 12 | 0.08 | 1,000 | 300 | 0 | |
| Reinforced concrete  钢筋混凝土 | 240 | 1.8 | 1,100 | 2,400 | 0 | |
| Interior  下面 | | | | | 0.167 | |

| 19 Reinforced concrete, screed  19 钢筋混凝土，砂浆铺底 | | | | | | |
|---|---|---|---|---|---|---|
| Exterior  上面 | | | | | 0.167 | 0.764 |
| Carpet  地毯 | 12 | 0.08 | 1,000 | 300 | 0 | |
| Screed  砂浆找平层 | 80 | 0.87 | 1,100 | 1,800 | 0 | |
| Impact noise insulation  隔声垫 | 30 | 0.05 | 1,500 | 150 | 0 | |
| Concrete  钢筋混凝土 | 240 | 1.8 | 1,100 | 2,400 | 0 | |
| Interior  下面 | | | | | 0.167 | |

Partition walls  隔断墙

| 20 Clay brick wall  20 黏土砖墙 | | | | | | |
|---|---|---|---|---|---|---|
| Exterior  一侧 | | | | | 0.125 | 1.692 |
| Clay brick  黏土砖 | 150 | 0.44 | 900 | 1,100 | 0 | |
| Interior  另一侧 | | | | | 0.125 | |

| 21 Sand-lime brick wall  21 砂灰砖墙 | | | | | | |
|---|---|---|---|---|---|---|
| Exterior  一侧 | | | | | 0.125 | 2.500 |
| Sand-lime brick  砂灰砖 | 150 | 1 | 900 | 1,800 | 0 | |
| Interior  另一侧 | | | | | 0.125 | |

| 22 Plasterboard wall  22 石膏板墙 | | | | | | |
|---|---|---|---|---|---|---|
| Exterior  一侧 | | | | | 0.125 | 0.348 |
| Plasterboard  石膏板 | 25 | 0.4 | 800 | 1,000 | 0 | |
| Rockwool  岩棉 | 100 | 0.04 | 600 | 100 | 0 | |
| Plasterboard  石膏板 | 25 | 0.4 | 800 | 1,000 | 0 | |
| Interior  另一侧 | | | | | 0.125 | |

## RADIATION BASED HEAT AND TEMPERATURE TRANSMITTANCE, *RHT* AND *TT*
## 基于辐射的热渗透率和温度透射率，*RHT* 和 *TT*

| 材料及构造 | U值 | TT I 恒温 | TT II 绝热 | RHT I 恒温 | RHT II 绝热 | 温度振幅 | 热流强度振幅 | 温度波周期位移 h | 热流密度周期位移 h |
|---|---|---|---|---|---|---|---|---|---|
| Exterior building components 外部建筑构件 | | | | | | | | | |
| 1 砌筑、抹灰 | 1.83 | 1.2730 | 0.2101 | 0.0509 | 0.0084 | 4.76 | 19.64 | 8.06 | 19.64 |
| 2 保温砖砌筑 | 0.388 | 0.0072 | 0.0014 | 0.0003 | 0.0001 | 713.83 | 3,471.19 | 3.23 | 23.89 |
| 3 双层砖砌筑 | 0.184 | 0.0304 | 0.0056 | 0.0012 | 0.0002 | 177.47 | 821.09 | 16.81 | 13.85 |
| 4 双层砂灰砖砌筑 | 0.191 | 0.0296 | 0.0033 | 0.0012 | 0.0001 | 305.87 | 843.18 | 16.23 | 13.38 |
| 5 聚苯乙烯外墙保温 (黏土砖墙) | 0.198 | 0.0599 | 0.0200 | 0.0024 | 0.0008 | 50.04 | 417.05 | 14.23 | 6.99 |
| 6 岩棉外墙保温 (黏土砖墙) | 0.198 | 0.0572 | 0.0187 | 0.0023 | 0.0007 | 53.46 | 436.84 | 14.86 | 7.46 |
| 7 岩棉外墙保温 (砂灰砖墙) | 0.187 | 0.0444 | 0.0145 | 0.0018 | 0.0006 | 69.20 | 562.99 | 15.05 | 7.63 |
| 8 干挂纤维水泥板外墙 | 0.184 | 0.0472 | 0.0404 | 0.0019 | 0.0016 | 24.74 | 529.72 | 15.00 | 9.43 |
| 9 金属板外墙 | 0.194 | 0.1727 | 0.2077 | 0.0069 | 0.0083 | 4.81 | 144.80 | 7.80 | 3.18 |
| 10 带空气层的双层木板外墙 | 0.191 | 0.1389 | 0.0677 | 0.0056 | 0.0027 | 14.76 | 179.99 | 10.21 | 5.43 |
| 11 清水混凝土外墙 | 0.185 | 0.0457 | 0.0037 | 0.0018 | 0.0001 | 268.13 | 546.72 | 12.73 | 6.23 |
| 12 石料砌筑外墙 | 0.186 | 0.0036 | 0.0005 | 0.0001 | 0.00002 | 2,158.14 | 6,966.14 | 22.84 | 20.68 |
| 13 石料抹灰外墙 | 0.188 | 0.0030 | 0.0004 | 0.0001 | 0.00003 | 2,695.18 | 8,469.23 | 0.07 | 21.87 |
| 14 碎石平屋面 | 0.155 | 0.0086 | 0.0012 | 0.0003 | 0.00005 | 865.48 | 2,904.36 | 20.69 | 17.53 |
| 15 筒瓦坡屋面 | 0.192 | 0.1292 | 0.0294 | 0.0052 | 0.00120 | 33.96 | 193.50 | 10.46 | 5.94 |
| 16 木质纤维保温瓦坡屋面 | 0.168 | 0.1050 | 0.0239 | 0.0042 | 0.00100 | 41.86 | 238.12 | 11.28 | 6.17 |
| Interior building components 内部建筑构件 | | | | | | | | | |
| 17 钢筋混凝土 | 2.14 | 0.4243 | 0.0877 | 0.0709 | 0.01470 | 11.40 | 14.11 | 9.00 | 6.67 |
| 18 钢筋混凝土，铺地毯 | 1.62 | 0.2457 | 0.0869 | 0.0410 | 0.01450 | 11.51 | 24.37 | 9.11 | 7.17 |
| 19 钢筋混凝土，砂浆铺底 | 0.764 | 0.0293 | 0.0107 | 0.0049 | 0.00180 | 93.66 | 204.54 | 15.31 | 14.34 |
| 20 黏土砖墙 | 1.692 | 1.1671 | 0.3341 | 0.1459 | 0.04180 | 2.99 | 6.85 | 6.48 | 4.58 |
| 21 砂灰砖墙 | 2.500 | 1.4709 | 0.2950 | 0.1839 | 0.03690 | 3.39 | 5.44 | 6.29 | 4.87 |
| 22 石膏板墙 | 0.348 | 0.3276 | 0.2157 | 0.0409 | 0.02700 | 4.64 | 24.42 | 6.76 | 2.50 |

大型结构的相位差可以偏移 +24 小时。
背面通风结构的 *U* 值计算
详见 39 页

## MEAN MONTHLY AND ANNUAL TEMPERATURES $\theta_{am}$ [°C]
## 中国 月平均气温和年平均气温 $\theta_{am}$ [°C]
## 典型气象年

**中国气候分区**

1A 严寒 A 区
1B 严寒 B 区
1C 严寒 C 区
2A 寒冷 A 区
2B 寒冷 B 区
3A 夏热冬冷 A 区
3B 夏热冬冷 B 区
4A 夏热冬暖 A 区
4B 夏热冬暖 B 区
5A 温和 A 区
5B 温和 B 区

| 气象城市 | 气候区域 | 北纬<br>(度) | 东经<br>(度) | 海拔<br>(米) |
|---|---|---|---|---|
| 北京 | 2B | 39.80 | 116.47 | 31.1 |
| 上海 | 3A | 31.40 | 121.45 | 5.5 |
| 重庆 | 3B | 29.58 | 106.47 | 259.1 |
| 漠河（黑龙江） | 1A | 52.97 | 122.52 | 433.0 |
| 达日（青海） | 1A | 33.75 | 99.65 | 3967.5 |
| 哈尔滨 | 1B | 45.75 | 126.77 | 142.3 |
| 锡林浩特 | 1B | 43.95 | 116.12 | 1003.0 |
| 沈阳 | 1C | 41.73 | 123.45 | 44.7 |
| 乌鲁木齐 | 1C | 43.78 | 87.65 | 935.0 |
| 大连 | 2A | 38.90 | 121.63 | 91.5 |
| 太原 | 2A | 38.78 | 113.55 | 779.3 |
| 兰州 | 2A | 36.05 | 103.88 | 1517.2 |
| 西安 | 2B | 34.30 | 108.93 | 397.5 |
| 济南 | 2B | 36.60 | 117.05 | 170.3 |
| 成都 | 3A | 30.67 | 104.02 | 506.1 |
| 长沙 | 3A | 28.22 | 112.92 | 68.0 |
| 合肥 | 3A | 31.87 | 117.23 | 26.8 |
| 桂林 | 3B | 25.32 | 110.30 | 164.4 |
| 福州 | 4A | 26.08 | 119.28 | 84.0 |
| 广州 | 4B | 23.17 | 113.33 | 41.0 |
| 南宁 | 4B | 22.63 | 108.22 | 121.6 |
| 海口 | 4B | 20.03 | 110.35 | 13.9 |
| 昆明 | 5A | 25.02 | 102.68 | 1892.4 |
| 贵阳 | 5A | 26.58 | 106.37 | 1223.8 |
| 蒙自（云南） | 5B | 23.38 | 103.38 | 1300.7 |

注：以上数据来源于：
《中国建筑热环境分析专用气象数据集》
版权所有（C）2005
中国气象局气象信息中心气象资料室
清华大学建筑学院建筑技术科学系

| 月份 | | | | | | | | | | | | 年 |
|---|---|---|---|---|---|---|---|---|---|---|---|---|
| 1月 | 2月 | 3月 | 4月 | 5月 | 6月 | 7月 | 8月 | 9月 | 10月 | 11月 | 12月 | |
| −3.83 | −1.59 | 7.66 | 14.36 | 19.37 | 24.51 | 26.45 | 25.62 | 20.38 | 12.91 | 5.37 | −0.48 | 12.56 |
| 4.51 | 6.32 | 9.86 | 15.27 | 20.65 | 24.33 | 27.50 | 26.97 | 24.36 | 18.89 | 13.60 | 7.42 | 16.64 |
| 8.10 | 10.25 | 13.74 | 18.72 | 23.04 | 25.18 | 28.05 | 27.60 | 24.15 | 18.36 | 14.59 | 9.25 | 18.42 |
| −28.23 | −21.51 | −12.21 | 0.22 | 9.14 | 15.97 | 19.09 | 16.14 | 7.83 | −2.79 | −17.99 | −28.88 | −3.60 |
| −12.81 | −8.28 | −4.56 | −0.06 | 4.01 | 7.22 | 8.91 | 8.81 | 6.75 | 0.34 | −6.99 | −10.74 | −0.62 |
| −18.76 | −14.55 | −2.62 | 7.77 | 14.28 | 20.03 | 22.90 | 20.95 | 14.71 | 5.13 | −6.66 | −14.84 | 4.03 |
| −19.88 | −13.30 | −5.36 | 5.34 | 13.82 | 19.41 | 22.84 | 20.30 | 13.88 | 3.91 | −6.64 | −15.36 | 3.25 |
| −11.50 | −6.51 | 1.73 | 10.03 | 16.69 | 21.47 | 25.68 | 23.16 | 17.20 | 10.22 | 1.03 | −7.55 | 8.47 |
| −12.44 | −9.19 | −2.10 | 9.80 | 16.40 | 21.51 | 23.71 | 22.95 | 17.23 | 7.89 | −1.44 | −9.70 | 7.05 |
| −4.02 | −2.47 | 3.26 | 10.86 | 16.13 | 20.47 | 23.10 | 24.63 | 20.67 | 14.28 | 5.92 | −0.86 | 11.00 |
| −3.31 | 0.49 | 7.10 | 13.59 | 19.69 | 22.62 | 24.96 | 23.18 | 18.68 | 11.07 | 4.26 | −1.22 | 11.76 |
| −5.53 | 0.72 | 5.85 | 12.45 | 17.36 | 21.32 | 22.44 | 21.06 | 16.89 | 9.99 | 3.02 | −3.13 | 10.20 |
| −0.35 | 2.23 | 8.06 | 15.30 | 20.87 | 24.73 | 26.68 | 26.61 | 20.31 | 14.70 | 8.19 | 1.33 | 14.06 |
| −0.47 | 3.09 | 9.23 | 15.76 | 21.78 | 26.54 | 26.96 | 26.50 | 22.45 | 16.50 | 8.41 | 1.31 | 14.84 |
| 5.78 | 8.18 | 12.76 | 16.11 | 21.17 | 23.84 | 25.79 | 25.10 | 21.49 | 17.85 | 13.63 | 7.08 | 16.57 |
| 5.52 | 6.94 | 10.10 | 16.46 | 21.47 | 25.57 | 28.53 | 27.34 | 23.28 | 18.46 | 13.33 | 7.01 | 17.00 |
| 2.96 | 5.41 | 9.52 | 16.32 | 22.06 | 25.37 | 27.97 | 27.34 | 23.89 | 17.81 | 10.83 | 4.53 | 16.17 |
| 7.48 | 9.93 | 12.60 | 18.61 | 23.41 | 26.77 | 27.44 | 27.77 | 26.13 | 20.75 | 16.06 | 11.82 | 19.06 |
| 11.41 | 11.66 | 13.89 | 18.29 | 23.21 | 26.30 | 28.96 | 28.78 | 26.07 | 22.84 | 18.24 | 13.62 | 20.27 |
| 13.89 | 14.19 | 18.34 | 22.35 | 26.08 | 27.18 | 28.81 | 28.02 | 27.39 | 24.35 | 20.08 | 15.38 | 22.17 |
| 13.92 | 14.35 | 18.18 | 22.66 | 26.19 | 28.05 | 27.90 | 28.08 | 27.29 | 23.43 | 18.70 | 14.91 | 21.97 |
| 17.98 | 18.99 | 21.42 | 25.20 | 27.53 | 28.66 | 28.86 | 28.36 | 27.19 | 25.97 | 22.08 | 19.52 | 24.31 |
| 8.93 | 10.40 | 14.93 | 17.70 | 18.76 | 20.07 | 20.03 | 19.71 | 18.18 | 16.48 | 11.61 | 8.41 | 15.43 |
| 5.66 | 7.06 | 11.38 | 16.24 | 19.46 | 22.61 | 24.03 | 23.10 | 20.83 | 16.21 | 12.27 | 6.94 | 15.48 |
| 13.50 | 14.59 | 18.97 | 21.50 | 22.29 | 23.50 | 22.84 | 22.39 | 21.60 | 19.26 | 15.91 | 12.13 | 19.04 |

## ZONING INDEX OF CHINESE BUILDING THERMAL DESIGN
## 中国建筑热工设计区划指标

**一级区划指标**

| 一级区划名称 | | 区划指标 | |
|---|---|---|---|
| | | 主要指标 | 辅助指标 |
| 严寒地区 | (1) | $t_{min.m} \leq -10°C$ | $145 \leq d_{\leq 5}$ |
| 寒冷地区 | (2) | $-10°C < t_{min.m} \leq 0°C$ | $90 \leq d_{\leq 5} < 145$ |
| 夏热冬冷地区 | (3) | $0°C < t_{min.m} \leq 10°C$<br>$25°C < t_{max.m} \leq 30°C$ | $0 \leq d_{\leq 5} < 90$<br>$40 \leq d_{\geq 25} < 110$ |
| 夏热冬暖地区 | (4) | $10°C < t_{min.m}$<br>$25°C < t_{max.m} \leq 29°C$ | $100 \leq d_{\geq 25} < 200$ |
| 温和地区 | (5) | $0°C < t_{min.m} \leq 13°C$<br>$18°C < t_{max.m} \leq 25°C$ | $0 \leq d_{\leq 5} < 90$ |

**二级区划指标**

| 二级区划名称 | | 区划指标 | |
|---|---|---|---|
| 严寒A区 | (1A) | $6000 \leq HDD18$ | |
| 严寒B区 | (1B) | $5000 \leq HDD18 < 6000$ | |
| 严寒C区 | (1C) | $3800 \leq HDD18 < 5000$ | |
| 寒冷A区 | (2A) | $2000 \leq HDD18 < 3800$ | $CDD26 \leq 90$ |
| 寒冷B区 | (2B) | | $CDD26 > 90$ |
| 夏热冬冷A区 | (3A) | $1200 \leq HDD18 < 2000$ | |
| 夏热冬冷B区 | (3B) | $700 \leq HDD18 < 1200$ | |
| 夏热冬暖A区 | (4A) | $500 \leq HDD18 < 700$ | |
| 夏热冬暖B区 | (4B) | $HDD18 < 500$ | |
| 温和A区 | (5A) | $CDD26 < 10$ | $700 \leq HDD18 < 2000$ |
| 温和B区 | (5B) | | $HDD18 < 700$ |

注：以上数据来源于《民用建筑热工设计规范》（GB 50176-2016）

## MEAN MONTHLY GLOBAL HORIZONTAL IRRADIATION *I*, SUMMED [MJ/m²]
### 中国 月平均水平面总辐射照量 *I*，总和 [MJ/m²]

| 气象城市 | 海拔 (米) | 1月 | 2月 | 3月 | 4月 | 5月 | 6月 | 7月 | 8月 | 9月 | 10月 | 11月 | 12月 |
|---|---|---|---|---|---|---|---|---|---|---|---|---|---|
| 北京 | 31.1 | 253 | 336 | 464 | 542 | 594 | 567 | 531 | 514 | 401 | 358 | 264 | 217 |
| 上海 | 5.5 | 225 | 309 | 326 | 436 | 518 | 470 | 490 | 431 | 457 | 376 | 265 | 275 |
| 天津 | 2.5 | 220 | 281 | 446 | 528 | 632 | 553 | 506 | 497 | 451 | 345 | 203 | 212 |
| 重庆 | 259.1 | 93 | 129 | 233 | 280 | 361 | 326 | 484 | 460 | 300 | 193 | 115 | 83 |
| 哈尔滨 | 142.3 | 175 | 228 | 439 | 475 | 573 | 571 | 542 | 510 | 425 | 310 | 195 | 151 |
| 漠河 (黑龙江) | 433.0 | 135 | 214 | 440 | 456 | 514 | 635 | 523 | 516 | 397 | 299 | 161 | 118 |
| 长春 | 236.8 | 234 | 293 | 456 | 542 | 638 | 608 | 494 | 520 | 463 | 354 | 229 | 184 |
| 呼和浩特 | 1063.0 | 233 | 304 | 481 | 579 | 694 | 700 | 604 | 602 | 507 | 398 | 260 | 207 |
| 锡林浩特 | 1003.0 | 237 | 327 | 481 | 603 | 684 | 684 | 668 | 606 | 501 | 378 | 265 | 215 |
| 沈阳 | 44.7 | 201 | 287 | 415 | 497 | 608 | 560 | 507 | 485 | 457 | 319 | 225 | 177 |
| 大连 | 91.5 | 231 | 251 | 427 | 550 | 592 | 627 | 453 | 542 | 510 | 414 | 226 | 183 |
| 乌鲁木齐 | 935.0 | 147 | 217 | 356 | 476 | 664 | 665 | 678 | 628 | 483 | 328 | 173 | 126 |
| 西宁 | 2295.2 | 289 | 361 | 471 | 590 | 612 | 613 | 700 | 553 | 414 | 399 | 324 | 274 |
| 达日 (青海) | 3467.5 | 255 | 254 | 370 | 439 | 514 | 504 | 603 | 540 | 467 | 377 | 291 | 250 |
| 拉萨 | 3648.9 | 492 | 495 | 601 | 658 | 746 | 775 | 701 | 686 | 597 | 609 | 529 | 443 |
| 兰州 | 1517.2 | 246 | 293 | 395 | 536 | 621 | 575 | 643 | 563 | 394 | 322 | 244 | 211 |
| 银川 | 1111.4 | 312 | 346 | 540 | 639 | 694 | 692 | 685 | 630 | 527 | 427 | 320 | 270 |
| 石家庄 | 81.0 | 217 | 257 | 380 | 490 | 621 | 580 | 469 | 487 | 422 | 321 | 221 | 193 |
| 太原 | 779.3 | 263 | 317 | 390 | 511 | 662 | 588 | 544 | 534 | 436 | 370 | 264 | 231 |

注: 以上数据来源于:
《中国建筑热环境分析专用气象数据集》
版权所有 (C) 2005
中国气象局气象信息中心气象资料室
清华大学建筑学院建筑技术科学系

| 气象城市 | 海拔（米） | 1月 | 2月 | 3月 | 4月 | 5月 | 6月 | 7月 | 8月 | 9月 | 10月 | 11月 | 12月 |
|---|---|---|---|---|---|---|---|---|---|---|---|---|---|
| 郑州 | 110.4 | 263 | 276 | 427 | 496 | 585 | 575 | 553 | 464 | 368 | 308 | 180 | 235 |
| 西安 | 397.5 | 201 | 244 | 378 | 428 | 510 | 468 | 522 | 579 | 313 | 271 | 191 | 159 |
| 济南 | 170.3 | 220 | 267 | 410 | 513 | 597 | 542 | 433 | 482 | 410 | 353 | 243 | 210 |
| 南京 | 7.1 | 232 | 222 | 388 | 405 | 466 | 480 | 484 | 485 | 382 | 319 | 261 | 229 |
| 合肥 | 26.8 | 198 | 223 | 296 | 401 | 502 | 427 | 461 | 499 | 369 | 329 | 247 | 206 |
| 武汉 | 23.1 | 203 | 231 | 315 | 380 | 450 | 445 | 545 | 495 | 377 | 301 | 254 | 220 |
| 成都 | 506.1 | 147 | 137 | 271 | 337 | 390 | 399 | 411 | 410 | 229 | 226 | 161 | 131 |
| 长沙 | 68.0 | 167 | 154 | 246 | 292 | 398 | 438 | 571 | 465 | 384 | 322 | 234 | 231 |
| 南昌 | 46.9 | 193 | 169 | 213 | 360 | 400 | 487 | 645 | 552 | 444 | 377 | 285 | 258 |
| 杭州 | 41.7 | 215 | 240 | 356 | 403 | 475 | 472 | 484 | 491 | 380 | 312 | 241 | 261 |
| 福州 | 84.0 | 221 | 234 | 277 | 350 | 449 | 467 | 568 | 513 | 422 | 367 | 264 | 212 |
| 广州 | 41.0 | 267 | 216 | 222 | 281 | 389 | 342 | 432 | 428 | 406 | 428 | 352 | 324 |
| 南宁 | 121.6 | 230 | 209 | 274 | 315 | 465 | 456 | 471 | 503 | 471 | 379 | 304 | 286 |
| 桂林 | 164.4 | 183 | 173 | 202 | 271 | 420 | 402 | 512 | 534 | 478 | 368 | 300 | 284 |
| 贵阳 | 1223.8 | 139 | 200 | 312 | 340 | 382 | 404 | 517 | 452 | 343 | 213 | 217 | 160 |
| 昆明 | 1892.4 | 436 | 454 | 618 | 641 | 510 | 456 | 467 | 452 | 403 | 385 | 338 | 349 |
| 蒙自（云南） | 1300.7 | 422 | 479 | 508 | 579 | 531 | 452 | 490 | 471 | 433 | 419 | 385 | 376 |
| 海口 | 13.9 | 249 | 246 | 362 | 424 | 540 | 508 | 629 | 526 | 449 | 381 | 288 | 256 |

**GREY ENERGY OF BUILDING MATERIALS**
建筑材料中的灰色能源

| 材料 | 密度 | 一次能源含量 | |
|---|---|---|---|
| | [kg/m³] | [MJ/kg] | [GJ/m³] |
| Masonry, bricks, tiles  砌石，砖，瓦 | | | |
| Brick  砖 | 1,500 | 3.1 | 4.59 |
| Modular brick  符合模数尺寸的砖 | 1,100 | 3.1 | 3.37 |
| Clinker brick  熟料砖 | 2,000 | 3.12 | 6.23 |
| Tile  瓦 | 1,900 | 2.7 | 5.13 |
| Sand-lime brick  砂灰砖 | 1,800 | 0.88 | 1.58 |
| Cement brick  水泥砖 | 1,200 | 1.87 | 2.25 |
| Aerated concrete block  加气混凝土砌块 | 600 | 1.98 | 1.19 |
| Cement aggregates  水泥骨料 | | | |
| Sand, gravel  沙、碎石 | 2,600 | 0.015 | 0.04 |
| Expanded clay  膨胀黏土 | 330 | 3.42 | 1.13 |
| Limestone, broken  碎石灰石 | 2,700 | 0.83 | 2.24 |
| Limestone, powdered  粉状石灰石 | 700 | 0.65 | 0.45 |
| Natural pumice  天然浮石 | 850 | 0.017 | 0.014 |
| Natural stone, broken  天然碎石 | 2,700 | 0.10 | 0.27 |
| Concrete, mortar  混凝土、灰浆 | | | |
| Concrete PC 350  混凝土 PC 350 | 2,400 | 0.9 | 2.16 |
| Expanded clay-lightweight concrete  膨胀黏土轻质混凝土 | 1,600 | 2.0 | 3.2 |
| EPS-lightweight concrete  EPS-轻质混凝土 | 800 | 3.9 | 3.12 |
| Prefabricated concrete elements, pipes  预制混凝土构件、管道 | 2,200 | 1.4 | 3.08 |
| Transit mix concrete  运拌混凝土 | 2,300 | 0.8 | 1.84 |
| Reinforced concrete  钢筋混凝土 | 2,400 | 2.0 | 4.8 |
| Cellular concrete, sheathed  带有护套的多孔混凝土 | 600 | 5.8 | 3.48 |
| Prefabricated reinforced concrete elements, pipes  预制钢筋混凝土构件、管道 | 2,200 | 2.9 | 6.38 |
| Wood, wood-based material  木材、木质材料 | | | |
| Building timber  建筑木材 | 400 | 19.4 | 7.76 |
| Laminated wood, composite lumber  胶合板、复合板材 | 600 | 16.3 | 9.78 |
| Wood fibreboard  木质纤维板 | 700 | 15.8 | 11.1 |

| 材料 | 密度 | 一次能源含量 | |
|---|---|---|---|
| | [kg/m³] | [MJ/kg] | [GJ/m³] |
| **Non-ferrous metal 有色金属** | | | |
| Aluminium 铝 | 2,700 | 165 | 446 |
| Aluminium, 20% recycled 铝，20% 回收再生 | 2,700 | 140 | 378 |
| Aluminium, 100% recycled 铝，100% 回收再生 | 2,700 | 16 | 43.2 |
| Aluminium foil (10–100 μm thick) 铝箔 (10~100μm厚) | 2,700 | 171 | 462 |
| Copper 铜 | 8,900 | 46.8 | 417 |
| **Iron, ferrous material 铁、黑色材料** | | | |
| Cast iron 铸铁 | 7,800 | 13 | 101 |
| Raw steel 生钢 | 7,850 | 21 | 165 |
| Steel 钢 | 7,850 | 24 | 188 |
| Steel, recycled 再生钢 | 7,850 | 14.3 | 112 |
| Steel, stainless 不锈钢 | 7,900 | 31.9 | 252 |
| Profile steel 异型钢 | 7,850 | 25.9 | 203 |
| Concrete reinforcing steel 混凝土钢筋 | 7,850 | 30.1 | 236 |
| Steel sheet 钢板 | 7,850 | 32.3 | 254 |
| Pre-stressing steel 预应力钢 | 7,900 | 34 | 269 |
| Tin plate 锡板 | 7,850 | 33 | 260 |
| Tin plate, 100% recycled 锡板，100% 回收再生 | 7,850 | 20 | 157 |
| **Glass and glass materials 玻璃和玻璃材料** | | | |
| Sheet glass 玻璃板 | 2,500 | 8.9 | 22.3 |
| Glass with 56.2% recycled glass 玻璃，56.2% 回收再生 | 2,500 | 7 | 17.5 |
| Glass, 100% recycled 玻璃，100% 回收再生 | 2,500 | 5.5 | 13.8 |
| Glass wool 20 玻璃棉 20 | 20 | 18 | 0.36 |
| Foam glass 发泡玻璃 | 130 | 11.4 | 1.48 |
| **Synthetic materials 合成材料** | | | |
| Polyethylene PE, soft 聚乙烯 PE, 软质 | 920 | 47 | 43.2 |
| Polyethylene PE, hard 聚乙烯 PE, 硬质 | 950 | 47 | 44.7 |
| Polyvinylchloride PVC 聚氯乙烯（PVC） | 1,400 | 42.5 | 59.5 |

| 材料 | 密度 | 一次能源含量 | |
|---|---|---|---|
| | [kg/m³] | [MJ/kg] | [GJ/m³] |

**Insulation materials　保温材料**

| 材料 | 密度 | MJ/kg | GJ/m³ |
|---|---|---|---|
| Polystyrene PS, expanded　发泡聚苯乙烯 PS | 20 | 123 | 2.46 |
| Polystyrene PS, expanded, hard　硬质发泡聚苯乙烯 PS | 60 | 123 | 7.37 |
| Polystyrene PS, extruded　挤压成型聚苯乙烯 PS | 50 | 123 | 6.14 |
| Polyurethane PUR, rigid foam　硬质泡沫聚氨酯 PUR | 80 | 105 | 8.4 |
| Rockwool 60　岩棉 60 | 60 | 18 | 1.08 |
| Rockwool 300　岩棉 300 | 300 | 18 | 5.4 |
| Cork 150　软木 150 | 3.4 | 0.51 | |
| Perlite　珍珠岩 | 140 | 60.5 | 8.46 |

**Various materials　各种材料**

| 材料 | 密度 | MJ/kg | GJ/m³ |
|---|---|---|---|
| Bitumen, hot mix　热拌沥青 | 1,400 | 0.72 | 1.01 |
| Bitumen, cold mix　冷拌沥青 | 1,400 | 0.37 | 0.51 |
| Plasterboard　石膏板 | 900 | 3.21 | 2.89 |
| Stoneware pipe　粗陶管道 | 1,900 | 5.59 | 10.6 |

资料来源：

N. Kohler：建筑业能源分析；洛桑EPF公司，1986年

J.Gneiss：能源自给自足的办公和仓储建筑；IBB Muttenz 1988年

联邦环境署（编）：生态建筑；Bauverlag 1982年

P. Hofstetter：生态回报期；苏黎世联邦理工大学，1991年

K. Habersatter：包装材料的生命周期评估；SAEFL第132号，伯尔尼，1991年

W. Scholz：建筑材料知识；Werner-Verlag，多塞尔多夫，1980年

## RELATIONSHIP OF SIA TO EN STANDARDS
## SIA标准与EN标准的关系

| SIA no. | Prefix | EN no. | WI no. | Year |
|---|---|---|---|---|
| 180.051 | EN ISO | 7345 | 00089031 | 1996 |
| 180.052 | EN ISO | 9251 | 00089042 | 1996 |
| 180.053 | EN ISO | 9288 | 00089033 | 1996 |
| 180.054 | EN ISO | 9346 | 00089032 | 2007 |
| 180.071 | EN ISO | 6946 | 00089013 | 2007 |
| 180.071/A1 | EN ISO | 6946/A1 | 00089088 | 2003 |
| 180.072 | EN ISO | 13788 | 00089046 | 2002 |
| 180.073 | EN ISO | 13786 | 00089049 | 2007 |
| 180.074 | EN ISO | 13793 | 00089017 | 2001 |
| 180.075 | EN ISO | 10211 | 00089014 | 2007 |
| 180.076 | EN ISO | 10211-2 | 00089076 | 2001 |
| 180.077 | EN ISO | 14683 | 00089015 | 2007 |
| 180.078 | EN | 13363-1 | 00089019 | 2003 |
| 180.079 | EN | 13363-2 | 00089078 | 2005 |
| 180.081 | EN ISO | 10077-1rev | 00089096 | 2006 |
| 180.081 | EN ISO | 10077-1 | 00089018 | 2000 |
| 180.082 | EN ISO | 10077-2 | 00089072 | 2003 |
| 180.083 | EN | 13947 | 00089101 | 2006 |
| 181.021 | EN ISO | 717-1 | 00126011 | 1997 |
| 181.021/A1 | EN ISO | 717-1/A1 | 00126071 | 2006 |
| 181.022 | EN ISO | 717-2 | 00126012 | 1997 |
| 181.022/A1 | EN ISO | 717-2/A1 | 00126081 | 2006 |

| Title 标题 |
| --- |
| 隔热—物理量和定义 (ISO 7345:1987) |
| 隔热—传热—材料的条件和性能-词汇 (ISO 9251:1987) |
| 隔热—辐射传热—物理量和定义 (ISO 9288:1989) |
| 建筑物和建筑材料的湿热性能—质量传递的物理量—词汇 (ISO 9346:2007) |
| 建筑部件和建筑构件—热阻和热传导率—计算方法 (ISO 6946:2007) |
| 建筑部件和建筑构件—热阻和热传导—计算方法 (ISO 6946:1996/AMD1:2003) |
| 机床—安全性—多主轴自动车床 (ISO 13788:2001) |
| 建筑构件的热力性能—动态热特性—计算方法 (ISO 13786:2007) |
| 建筑物的热性力能—防止冻胀地基的热设计 (ISO 13793:2001) |
| 建筑结构中的热桥—热流和表面温度—详细计算 (ISO 10211:2007) |
| 建筑结构中的热桥—热流和表面温度—第2部分: 线性热桥 (ISO 10211-2:2001) |
| 建筑结构中的热桥—线性热传导率-简化方法和默认值 (ISO 14683:2007) |
| 玻璃的太阳防护装置—太阳光透射率的计算—第1部分: 简化方法 |
| 玻璃的太阳防护装置—太阳光透射率的计算—第2部分: 详细的计算方法 |
| 门窗和百叶窗的热力性能—热透射率的计算—第1部分: 总论 (ISO 10077-1:2006) |
| 门窗和百叶窗的热力性能—热透射率的计算—第1部分: 简化方法 (ISO 10077-1:2000) |
| 门窗和百叶窗的热力性能—热透射率的计算—第2部分: 框架的数值方法 (ISO 10077-2:2003) |
| 幕墙的热力性能-热透射率的计算 |
| 声学—建筑物和建筑构件的隔声等级—第1部分—空气中的隔音 (ISO 717-1: 1996) |
| 声学—建筑物和建筑构件的隔声等级—第1部分—空气隔声—修正案1: 与单数等级和单数数量有关的舍入规则 (ISO 717-1:1996/AMD1:2006) |
| 声学—建筑物和建筑构件的隔声等级—第2部分: 撞击声隔声 (ISO 717-2:1996) |
| 声学—建筑物和建筑构件的隔声等级—第2部分: 撞击声隔声 (ISO 717-2:1996/AMD1:2006) |

| SIA no. | Prefix | EN no. | WI no. | Year |
|---|---|---|---|---|
| 181.087 | EN ISO | 11654 | 00126027 | 1997 |
| 181.301 | EN | 12354-1 | 00126029 | 2000 |
| 181.302 | EN | 12354-2 | 00126030 | 2000 |
| 181.303 | EN | 12354-3 | 00126031 | 2000 |
| 181.304 | EN | 12354-4 | 00126032 | 2000 |
| 181.306 | EN | 12354-6 | 00126034 | 2003 |
| 181.501 | EN ISO | 18233 | 00126053 | 2006 |
| 329.001 | EN | 12152 | 00033203 | 2002 |
| 329.003 | EN | 12154 | 00033205 | 2004 |
| 329.005 | EN | 12179 | 00033210 | 2000 |
| 329.007 | EN | 13051 | 00033208 | 2001 |
| 329.008 | EN | 13116 | 00033209 | 2001 |
| 329.010 | EN | 13830 | 00033238 | 2003 |
| 329.011 | EN | 14019 | 00033218 | 2004 |
| 329.xxx | prEN | 13119 | 00033325 | 2007 |
| 331.100 | EN | 14351-1 | 00033279 | 2006 |
| 331.101 | prEN | 12488 | 00129018 | 2003 |
| 331.102 | prEN ISO | 14439 | 00129017 | 2007 |
| 331.103 | prEN | 13474-1 | 00129031 | 1999 |
| 331.104 | prEN | 13474-2 | 00129094 | 2000 |
| 331.151 | EN | 410 | 00129030 | 1998 |
| 331.152 | EN | 673 | 00129014 | 1998 |
| 331.152/A1 | EN | 673/A1 | 00129096 | 2000 |
| 331.152/A2 | EN | 673/A2 | 00129120 | 2002 |
| 331.156 | EN | 12898 | 00129045 | 2001 |
| 331.158 | EN ISO | 14438 | 00129016 | 2002 |
| 331.158 | EN ISO | 14438 | 00129016 | 2002 |
| 331.161 | EN | 12758 | 00129032 | 2002 |
| 331.301 | EN | 12207 | 00033021 | 2000 |
| 331.302 | EN | 12208 | 00033023 | 2000 |
| 331.303 | EN | 12210 | 00033025 | 2000 |

| **Title 标题** |
|---|
| 声学—建筑物中使用的吸声器—吸声等级 (ISO 11654:1997) |
| 建筑声学—从构件的性能估算建筑的声学性能—第1部分—隔绝房间之间的空气声 |
| 建筑声学—从构件的性能估算建筑的声学性能—第2部分: 隔绝房间之间的撞击声 |
| 建筑声学—从构件的性能估算建筑的声学性能—第3部分: 隔绝室外空气声 |
| 建筑声学—从构件的性能估算建筑的声学性能—第4部分: 室内声音向室外的传播 |
| 建筑声学—从构件的性能估算建筑的声学性能—第6部分: 封闭空间的吸声作用 |
| 声学—在建筑和室内声学中应用新的测量方法 (ISO 18233:2006) |
| 幕墙—气密性—性能要求和分级 |
| 幕墙—水密性—性能要求和分级 |
| 幕墙—抗风荷载—试验方法 |
| 幕墙—水密性—现场测试 |
| 幕墙—抗风荷载—性能要求 |
| 幕墙—产品标准 |
| 幕墙—抗冲击性—性能要求 |
| 幕墙—名词术语 |
| 门窗—产品标准、性能特性—第1部分: 不具有防火和/或防排烟特性的窗户和外部人行门 |
| 建筑玻璃—玻璃装配要求—装配规则 |
| 建筑玻璃—装配规则—玻璃楔 |
| 建筑玻璃—玻璃窗的设计—第1部分: 一般设计基础 |
| 建筑玻璃—玻璃窗的设计—第2部分: 均布荷载的设计 |
| 建筑玻璃—玻璃的发光和太阳光特性的测定 |
| 建筑玻璃—传热系数 ($U$ 值) 的测定—计算方法 |
| 建筑玻璃—传热系数 ($U$ 值) 的测定—计算方法 |
| 建筑玻璃—传热系数 ($U$ 值) 的测定—计算方法 |
| 建筑玻璃—反射率的测定 |
| 建筑玻璃—能量平衡值的确定—计算方法 |
| 建筑玻璃—能量平衡值的确定—计算方法 (ISO 14438:2002) |
| 建筑玻璃—玻璃和空气隔声—产品说明和性能测定 |
| 门窗—气密性—分级 |
| 门窗—水密性—分级 |
| 门窗—抗风荷载—分级 |

| SIA no. | Prefix | EN no. | WI no. | Year |
|---|---|---|---|---|
| 331.303/AC | EN | 12210/AC | 00033C03 | 2003 |
| 331.307 | EN | 1191 | 00033053 | 2000 |
| 331.308 | EN | 12400 | 00033176 | 2002 |
| 342.010 | EN | 12216 | 00033142 | 2002 |
| 342.011 | EN | 13125 | 00033100 | 2001 |
| 342.016 | EN | 13561 | 00033143 | 2004 |
| 342.017 | EN | 13659 | 00033234 | 2004 |
| 342.018 | EN | 14759 | 00033099 | 2005 |
| 342.019 | EN | 14501 | 00033175 | 2005 |
| 380.101 | EN | 832 | 00089020 | 2000 |
| 380.101/AC | EN | 832/AC | 00089C03 | 2002 |
| 380.102 | EN ISO | 13789 | 00089043 | 2007 |
| 380.103 | EN ISO | 13370 | 00089016 | 2007 |
| 380.104 | EN ISO | 13790 | 00089063 | 2008 |
| 380.301 | EN ISO | 13787 | 00089036 | 2003 |
| 380.302 | EN ISO | 8497 | 00089053 | 1997 |
| 380.303 | EN ISO | 12241 | 00089007 | 2008 |
| 380.304 | EN | 14114 | 00089083 | 2002 |
| 381.101 | EN | 12524 | 00089012 | 2000 |
| 381.201 | EN ISO | 15927-1 | 00089027 | 2006 |
| 381.204 | EN ISO | 15927-4 | 00089069 | 2005 |
| 381.205 | EN ISO | 15927-5 | 00089068 | 2006 |
| 382.101 | CR | 1752 | 00156056 | 1999 |
| 382.102 | EN | 12599/AC | 00156C01 | 2002 |
| 382.102 | EN | 12599 | 00156059 | 2000 |
| 382.103 | EN | 12792 | 00156076 | 2003 |
| 382.201 | EN | 13465 | 00156033 | 2004 |
| 382.202 | EN | 14134 | 00156032 | 2004 |
| 382.203 | CEN/TR | 14788 | 00156064 | 2006 |

| Title 标题 |
|---|
| 门窗—抗风荷载—分级 |
| 门窗—反复开关抵抗测试—试验方法 |
| 窗户和人行门—机械耐久性—要求和分级 |
| 可开启百叶窗、外置百叶遮阳、内置百叶遮阳—术语、词汇和定义 |
| 可开启百叶窗和百叶遮阳—附加热阻—产品的空气渗透性评级 |
| 外置叶遮阳—性能要求, 包括安全要求 |
| 百叶窗—性能要求, 包括安全要求 |
| 百叶窗—相对于空气声的隔声效果—性能的体现 |
| 百叶窗—保暖和视觉舒适度—性能特点和分级 |
| 建筑物的热力性能—供热能耗计算—住宅建筑 |
| 建筑物的热力性能—供热能耗计算—住宅建筑 |
| 建筑物的热力性能—传输和通风传热系数—计算方法 (ISO 13789:2007) |
| 建筑物的热性能—热量通过地面传递—计算方法 (ISO 13370:2007) |
| 建筑物的能源性能—计算采暖和制冷空间的能源使用 (ISO 13790:2008) |
| 用于建筑设备和工业装置的隔热产品—确定申报导热系数 (ISO 13787:2003) |
| 隔热—圆管绝热层稳态热传输特性的测定 (ISO 8497:1994) |
| 建筑设备和工业装置的隔热—计算规则 (ISO 12241:2008) |
| 建筑设备和工业装置的湿热性能—水蒸气扩散的计算—冷管保温系统 |
| 建筑材料和产品—湿热性能—列表中的设计值 |
| 建筑物的湿热性能—气候数据的计算和呈现—第1部分: 单一气象要素的月平均值 (ISO 15927-1:2003) |
| 建筑物的湿热性能—气候数据的计算和呈现—第4部分: 用于评估年度供暖和制冷能耗的小时数据 (ISO 15927-4:2005) |
| 建筑物的湿热性能—气候数据的计算和呈现—第5部分: 空间供暖设计热负荷数据 (ISO 15927-5:2004) |
| 建筑物的通风—室内环境的设计标准 |
| 建筑物的通风—移交已安装的通风和空调系统的试验程序和测量方法 |
| 建筑物的通风—移交已安装的通风和空调系统的试验程序和测量方法 |
| 建筑物通风—符号、术语和图形符号 |
| 建筑物通风—确定住宅内空气流速的计算方法 |
| 建筑物通风—住宅通风系统的性能测试和安装检查 |
| 建筑物的通风—住宅通风系统的设计和尺寸确定 |

| SIA no. | Prefix | EN no. | WI no. | Year |
|---------|--------|--------|----------|------|
| 382.211 | EN ISO | 13791 | 00089062 | 2004 |
| 382.212 | EN ISO | 13792 | 00089044 | 2005 |
| 382.251 | EN | 13142 | 00156031 | 2004 |
| 382.701 | EN | 13779 | 00156057 | 2007 |
| 384.101 | EN | 12828 | 00228002 | 2003 |
| 384.105 | EN | 14337 | 00228004 | 2005 |
| 384.201 | EN | 12831 | 00228012 | 2003 |
| 384.301 | prEN | 14335 | 00228013 | 2005 |

| Title 标题 |
| --- |
| 建筑物的热力性能—夏季无机械制冷的房间内部温度计算——一般标准和验证程序 (ISO 13791:2004) |
| 建筑物的热力性能—夏季无机械制冷的房间内部温度计算—简化方法 (ISO 13792:2005) |
| 建筑物的通风—住宅通风的部件/产品—必须和可选的性能特点 |
| 非住宅建筑的通风—通风和房间调节系统的性能要求 |
| 建筑物中的供暖系统—以水为基础的加热系统的设计 |
| 建筑物中的供暖系统—直接电加热系统的设计和安装 |
| 建筑物中的供暖系统—设计热负荷的计算方法 |
| 建筑物中的供暖系统—直接电加热系统的设计和安装 |

## BUILDING CATEGORIES AND STANDARD USES 建筑类别和标准用途
SIA 380/1, 附录 A, 表 24

| 建筑类别 | | 用途（示例） |
|---|---|---|
| I | Apartments Multi-family housing 公寓，多户型住房 | 多家庭住房、养老院、旅馆、招待所、儿童和青年中心、有障人士之家、戒毒中心、兵营、监狱 |
| II | Apartments Single-family housing 公寓，单户住房 | 独立式和半独立式房屋、度假平房、梯田式房屋 |
| III | Administration 政府 | 私人及公共办公楼、售票大厅、医生手术室、图书馆、车间、展览馆、文化中心、数据中心、电视台、电影制片厂 |
| IV | Schools 学校 | 各级学校建筑、幼儿园和日间照料中心、培训室和中心、会议楼、实验室、研究机构、休闲设施 |
| V | Shops 商店 | 各类销售厅，包括购物中心、展览中心 |
| VI | Restaurants 餐饮 | 餐馆（包括厨房）、咖啡厅、食堂、舞厅、迪斯科舞厅 |
| VII | Halls 厅堂 | 剧院、音乐厅、电影院、教堂、殡仪馆、礼堂、集会厅、体育馆、大型体育场馆 |
| VIII | Hospitals 医院 | 医院、精神科诊所、疗养院、康复中心、外科 |
| IX | Industry 工业 | 生产车间、装配车间、服务站、火车站、消防站 |
| X | Storage 仓储 | 仓库、配送中心 |
| XI | Sports buildings 体育场馆 | 健身房、室内网球中心、健身中心、更衣室 |
| XII | Indoor swimming pools 室内游泳馆 | 室内游泳池、桑拿浴、水疗中心 |

# GENERAL CHART FOR VALUES OF STANDARD USES 标准使用值通用表

SIA 380/1，附录 A，表 25

| 编号 | 建筑类别 | | I 公寓，多户型住房 | II 公寓，单户住房 | III 政府 | IV 学校 | V 商店 | VI 餐饮 | VII 厅堂 | VIII 医院 | IX 工业 | X 仓储 | XI 体育场馆 | XII 室内游泳馆 |
|---|---|---|---|---|---|---|---|---|---|---|---|---|---|---|
| 3.4.1.1 | Interior temperature 室内温度 | $\theta_I$ [°C] | 20 | 20 | 20 | 20 | 20 | 20 | 20 | 22 | 18 | 18 | 18 | 28 |
| 3.4.1.2 | Area per person 人均面积 | $A_P$ [m²/P] | 40 | 60 | 20 | 10 | 10 | 5 | 5 | 30 | 20 | 100 | 20 | 20 |
| 3.4.1.3 | Heat release per person 人均散热量 | $Q_P$ [W/P] | 70 | 70 | 80 | 70 | 90 | 100 | 80 | 80 | 100 | 100 | 100 | 60 |
| 3.4.1.4 | Time of presence per day 驻留时间/天 | $t_P$ [h] | 12 | 12 | 6 | 4 | 4 | 3 | 3 | 16 | 6 | 6 | 6 | 4 |
| 3.4.1.5 | Consumption of electricity per year 耗电/年 | $Q_E$ [MJ/m²] | 100 | 80 | 80 | 40 | 120 | 120 | 60 | 100 | 60 | 20 | 20 | 200 |
| 3.4.1.6 | Reduction factor for consumption of electricity 耗电折减系数 | $f_E$ [–] | 0.7 | 0.7 | 0.9 | 0.9 | 0.8 | 0.7 | 0.8 | 0.7 | 0.9 | 0.9 | 0.9 | 0.7 |
| 3.4.1.7 | Specific external air flow rate 标准额定换气量 | $\dot{V}/A_E$ [m³/h·m²] | 0.7 | 0.7 | 0.7 | 0.7 | 0.7 | 1.2 | 1.0 | 1.0 | 0.7 | 0.3 | 0.7 | 0.7 |
| 4.3 | Heat demand for hot water per year and per TEFA, (thermally enclosed floor area) 每年单位能耗计算面积内热水的热量需求 | $Q_{hw}$ [MJ/m²] | 75 | 50 | 25 | 25 | 25 | 200 | 50 | 100 | 25 | 5 | 300 | 300 |

## SUBJECT INDEX
## 主题索引

# SOURCE OF FIGURES
## 数据来源

**SIA standards**
180 **33, 78, 80**
180; SN EN ISO 7730 **11, 12**
180, 1.3.5 **69**
180, 3.1.3.5 **79**
180, 3.1.3.3 **81**
180, 3.1.3.4 **81**
180, 3.1.4.6 **84**
180, 4.1.2.2 **115**
180, A.2, table 13 **112, 113**
180, A.2, Figure 6 **111**
180; SN EN ISO 13788 **121~127**
180/4, Energy need E **102**
181 **154**
181, 2.3 **155**
181, 2.4 **157, 160**
181, 3.1.1.2 **156**
181, 3.2.1.2 **155**
181, 3.2.1.4, A.2.2.2 **156**
181, 3.2.2.2 **159**
181, E.2.1.2, Figure 10 **157**
181, E.3.1.2, Figure 12 **160**
181, E.3.2.5, Figure 13 **161**
SN EN 12207:1999D **82**
380/1 **78, 84**
380/1, 3.4.1.6 **84**
380/1, annex A, table 24 **256**
380/1, annex A, table 25 **257**
381/3 **238~241**
SN EN 12524; SIA 381.101; 2000 **222~231**
SN EN 12831: 2003, **82, 83**
Documentation D010 **19**
Documentation D012 **17**
Documentation D064 **242~244**
Euronorm; prEN; CEN **14,15**

**瑞士联邦内政部 (FDHA) 联邦气象和气候学气象数据办公室**
图表21, 22, 26, 27

**建筑物理设计理论，1987年版，建筑科学有限公司出版，柏林**
图表137, 144~147, 148~151, 152, 167, 173, 177, 179

**噪声控制条例 (NAO)**
图表140

**照明手册**
**瑞士： 照明学会**
**第四版，1975年，W. Giradet出版，德国埃森**
图表189, 202, 203, 206, 207, 209

瑞士工程师和建筑师协会（SIA）是瑞士领先的专业协会，由建筑、技术和环境专家组成，其主要目标是在瑞士建筑领域推广促进可持续及高品质的设计与规划。

SIA 及其成员致力于建筑和施工的质量及专业知识。SIA 以其在标准方面的重要工作而闻名。它制定、更新和出版了许多对瑞士建筑业至关重要的标准、法规、指南、建议与说明。约有200个委员会负责进一步完善发展这些标准。

SIA 作为广泛应用的标准体系，为瑞士的规划和建设提供了公认且不可或缺的法规。该协会不断审查、修订和更新标准，并提供相关应用信息。

APPENDIX 附录

# AUTHORS 作者简介

## Bruno Keller 布鲁诺·凯乐

| | |
|---|---|
| 1972 | 瑞士苏黎世联邦理工大学 物理学 博士 |
| 1972~1979 | 高中物理老师 |
| 1980~1985 | 从事建筑行业的研发 |
| 1985~1990 | 管理并建立和开发低能耗建筑新业务领域 |
| 1991~2007 | 瑞士苏黎世联邦理工大学建筑系建筑物理专业首席全职教授、中国南京东南大学客座教授 |
| 2007 | 入选瑞士工程科学院 (SATW) 院士 |
| since 2000 | 在瑞士担任凯乐技术有限公司 (Keller Technologies AG) 董事长及联合创始人 |
| | 与田原博士共同成立了北京凯乐世纪建筑技术有限公司 |
| | 在中国规划设计和实施高舒适度低能耗的建筑 |

## Stephan Rutz 斯蒂芬·鲁兹

| | |
|---|---|
| 1982~1988 | 瑞士苏黎世联邦理工大学 建筑学 硕士 |
| 1987 | 中国 南京工业大学 访问学者 |
| 1989 | 苏黎世 Romero Schaefle 建筑事务所工作 |
| 1990~1996 | 苏黎世 Schnebli Ammann Ruchat 建筑事务所合伙人 |
| 1996~1998 | 苏黎世联邦理工大学 Vallebuona 设计工作室 |
| 1999~2008 | 苏黎世联邦理工大学 建筑系建筑物理专业助教 |
| since 2000 | 苏黎世 Rutz 建筑事务所 |
| | |
| | 曾担任客座讲师： |
| 2003 | 苏黎世 F+F 艺术设计学院 |
| 2005, 2006 | 中国 南京 东南大学 高舒适度低能耗设计工作室 |
| 2010~2013 | 美国 普罗维登斯 罗德岛设计学校 |
| 2014 | 中国 杭州 中国美术学院 |